KB252182

정통 프랑스 디저트
PÂTISSERIE

16세기 중반 프랑스 왕궁에서 지금의 양과자 기초가 이루어졌다.
왕궁 내에서만 발달했던 과자는 1789년 프랑스혁명에 의하여 제조기술자가 흩어져 일반화되었으며,
19세기 초 유럽 전역에 퍼졌다. 러시아 궁정의 과자제조 기술자 우르바인 듀보아에 의하여 만들어진
데커레이션 케이크를 시초로, 밀라노 · 바젤(스위스) · 파리 · 빈 · 베를린 · 런던을 중심으로
각국의 관습과 기호에 따라 각각 특징 있는 과자가 만들어졌다.
한국에는 조선 고종 때 러시아 공사관을 통해서 처음으로 전해졌고,
광복 이후에는 일반인에게 보급되어 본격적으로 만들기 시작하였다.

프랑스어로 파티세리(pâtisserie)라 하는 건과자(乾菓子)는 아침식사용 또는 오후에 차와 함께 준비된다.
파티세리에는 케이크류 · 파이과자류 · 튀김과자류 · 각종 빵과자류 등이 있다.

프랑스 홈메이드 디저트

La Pâtisserie

쿠키 & 케이크

프랑스 홈메이드 디저트

LA PÂTISSERIE

지은이 Marianne Magnier-Moreno
사진 Frédéric Lucano
옮긴이 장미성

GREENCOOK

베이킹에서 마술과 같은 일은 일어나지 않는다

PROLOGUE

나는 베이킹을 좋아하지만, 돌이켜보면 베이킹은 나를 그다지 좋아하지 않았던 것 같다. 당당하고 넘치는 내 자신감만큼이나 잘 부풀어 오른 스콘을 만들고 싶었지만 늘 납작하게 나왔다. 또, 정말로 매혹적인 질감의 초콜릿 무스를 만들고 싶었지만 너무 뻑뻑하거나 촉촉하지 않았다. 레시피대로 정확하게 만들었기 때문에 이런 실패를 할수록 좌절감이 더 컸다.

그럼에도 희망의 불꽃이 반짝하고 보일 때도 있었다. 납작한 스콘들 가운데 하나쯤은 조금 더 높이 부풀었고, 실패한 초콜릿 무스 가운데도 하나쯤은 '넌 바른길로 가고 있어.'라고 내게 말해주는 것 같았다. 하지만 무엇이 바른길이란 말인가? 마치 어떤 장벽을 만난 듯했다.

베이킹에서는 프로나 아마추어 할 것 없이 누구나 이런 막막함을 느낄 것이다. 그 '벽'은 요리책이나 레시피일 수도, 베이킹 수업이나 워크숍일 수도 있다. 나 같은 초보자에게 '벽'은 넘쳐나는 정보였다. 수많은 정보가 서로 다른 이야기를 하고, 그중에 어떤 것은 틀릴 수도 있기 때문에 그 안의 숨은 비밀을 찾기 위해 노력하였다

도구에서 아이싱까지 스스로 길을 찾아가며 파티시에^{pâtissier}의 미로를 헤쳐 나갔다. 방대한 내용을 기록하고 비교하였으며, 쉬지 않고 실험하고 정리하였다. 이런 과정에서 점차 어떤 법칙들이 보이기 시작했고, 톱 파티시에들의 귀중한 충고를 절대로 흘려듣지 않으면서 많은 것을 배울 수 있었다. 예를 들어 초콜릿 무스의 비밀은, 머랭이 탄력이 있어야 초콜릿에 잘 섞인다는 것, 초콜릿과 달걀과 버터를 섞은 반죽은 반드시 따뜻하게 두고 달걀흰자는 반드시 미리 실온에 꺼내두어야 한다는 것 등이다. 집으로 달려가서 그대로 만들어보았고, 완성되기를 기다렸다가 초콜릿 무스를 맛보았다. 마침내 성공이다!!

스콘을 만들 때는 미국 요리책이 나를 바른길로 이끌어주었다. 예를 들면, 스콘 반죽은 두툼하고 3~4㎝ 이내로 작아야 한다거나, 오븐은 적어도 220℃ 이상으로 매우 뜨거워야 한다는 것 등등. 기적적으로 스콘들이 크고 번듯하게 나왔고, 가장 좋은 확인 방법으로 엄지에 살짝 힘을 주어 눌러보았을 때 두 조각으로 갈라졌다.

이 책은 나의 엄청난 노력과 인내심과 열정의 결과물이다. 그래서 나에게 특별한 가치가 있는 이 레시피들이 여러분이 직접 만들 때에도 도움이 되었으면 한다. 또한 이 책이 여러분에게 자세한 팁들을 많이 알려주어 도움이 될 수 있다면 무엇보다 기쁘겠다.

MARIANNE MAGNIER-MORENO

일러두기

계량 단위 이 책에서는 미터법을 기본으로 한다. 따라서 미터(m)를 길이, 리터(ℓ)를 부피, 킬로그램(kg)을 무게의 기본 단위량으로 한다. 단, 각종 베이킹 틀의 경우 시중에 인치(in)로 표시된 것들도 많이 나와 있어 센티미터(㎝)와 병기하였다. 계량 스푼은 모든 레시피에서 두루 사용되며 1큰술=15㎖, 1작은술=5㎖이다.

견과류 이 책에는 견과류와 견과류 관련 제품으로 만든 레시피가 포함되어 있다. 견과류나 견과류 관련 제품에 알레르기가 있거나, 견과류 알레르기에 취약할 수 있는 임산부, 모유 수유 중인 사람, 환자, 노약자는 견과류나 견과류 오일로 만든 제품은 피한다. 또한, 레시피의 재료를 사용하기 전 시판 재료 중에 견과류나 견과류 관련 성분이 들어 있는지 성분표를 미리 확인해보는 것이 좋다.

달걀 이 책의 모든 레시피의 달걀은 큰 사이즈로 껍데기를 포함하면 약 70g, 껍데기를 포함하지 않으면 약 60g이다. 따로 표시되어 있지 않은 경우에는 가능하면 큰 것을 사용한다. 또한 이 책에 달걀을 날로, 또는 살짝 익힌 정도로 사용하는 레시피가 있는데, 임산부나 수유 중인 사람, 환자, 노약자 등은 이런 요리를 피한다. 달걀을 덜 익힌 상태로 조리한 것은 반드시 냉장보관하고, 가능하면 바로 먹는 것이 좋다. 그 밖에 자세한 내용은 〈용어 정리〉의 '달걀' 참조.

밀가루 프랑스에서는 회분 함량에 따라 밀가루 종류를 T45, T55, T65, T80, T110, T150 등으로 나눈다. 숫자가 적을수록 회분 함량이 적다는 의미이며, 회분 함량이 많을수록 구수하고 깊은 맛이 난다. 이와 달리 국내에서는 단백질 함량에 따라 밀가루를 강력분, 중력분, 박력분으로 나누는데, 단백질 즉 글루텐 함량이 높을수록 탄성이 강하고 식감이 쫄깃하다. 이 책에서는 국내에서 프랑스 밀가루를 구하기 어려우므로 국내의 밀가루 중 가장 그 맛에 근접한 종류로 대체하였다. 그 밖에 자세한 내용은 〈용어 정리〉의 '밀가루' 참조.

발효버터밀크 국내에서 판매하지 않는 제품으로, 플레인 요구르트 : 사워크림 : 저지방 우유를 3 : 2 : 5의 비율로 섞어서 사용할 수 있다.

우유 · 버터 따로 표시되어 있지 않은 경우에 우유는 일반 우유를, 버터는 무염 버터를 사용한다.

오븐 표시되어 있는 온도로 정확하게 예열하는 것이 좋다. 또한, 오븐은 제품이나 기계에 따라 열공급 방식과 화력이 다를 수 있으므로 사용하는 제품의 설명서를 참고하여 시간과 온도를 조절한다.

CONTENTS

1

크림 · 소스 · 토핑
CREAM SAUCE TOPPING

2

심플 디저트
SIMPLE DESSERT

1

1

CREAM
SAUCE
TOPPING

크림 · 소스 · 토핑

바닐라 커스터드

Vanilla Custard _ 400g 기준 · 준비 15분 · 조리 15분

재료 준비
달걀노른자 3개
설탕 60g
우유 300㎖
바닐라빈 1개

밑준비
바닐라빈을 길이로 반 갈라서 가운데의 씨 부분을 칼끝으로 긁어낸다. 팬에 우유를 붓고 바닐라빈의 긁어낸 씨와 껍질을 넣어 약한 불에 올린다음 그대로 10분 정도 우려낸다. 끓으면 바로 불을 끄고 바닐라빈을 건져낸다.

| 1 | 작은 볼에 달걀노른자와 설탕을 넣는다. | 2 | 거품기로 저어서 색이 연하고 조금 되직해질 때까지 섞는다. |
| 3 | 밑준비에서 끓여둔 우유를 반 정도만 조금씩 부어가며 재빨리 섞는다. 이때 한 손으로는 우유를 붓고, 한 손으로는 계속 젓는다. | 4 | 3을 끓인 우유 냄비에 붓고 중간 불에 올려서 되직해질 때까지 쉬지 않고 계속 젓는다. |

눌어붙고 넘치는 경우

◆

달걀노른자는 덩어리지기 쉽고 팬 가장자리의 온도가
가장 높으므로 눌어붙지 않도록 주걱으로 가장자리를 긁어가며
계속 젓는다. 또한 오래 가열할수록 크림이 더 풍부한 맛이 나는데
끓어 넘칠 수 있으므로 쉬지 않고 계속 저어야 한다.

거품 확인

◆

우유와 달걀을 섞은 반죽에 생기는 고운 거품들을
주의 깊게 본다. 거품이 사라지면 커스터드가 90℃가 되었다는
표시이므로 반드시 조리를 멈추어야 한다.

완성

커스터드에 나무주걱을 담갔다 건져서 뒷면을 손가락으로
긁어본다. 선명하게 선이 생기면 커스터드가 완성된 것이다.

식히기

볼 위에 고운체를 올리고 커스터드를 부어서 한 번 내린 다음
가끔 저으며 식힌다. 커버 또는 랩을 씌워서 냉장고에
넣어두는데, 24시간 이상 두지 않는다.

페이스트리 크림

Pastry Cream _ 700g 기준 · 준비 10분 · 조리 10분

재료 준비

우유 500㎖	향신료
달걀노른자 6개	프랄린 36g
설탕 100g	또는 커피 엑스트랙트 6g
박력분 50g	또는 녹인 초콜릿 120g

	1	2
	3	4

1	팬에 우유를 붓고 끓인다. 우유가 끓는 동안 볼에 달걀노른자와 설탕을 넣고 거품기로 젓는다. 되직하고 부드러워지면 밀가루를 넣고 섞는다.
2	끓인 우유를 달걀 노른자와 설탕, 밀가루를 섞은 반죽에 반 정도만 붓고 덩어리가 지지 않게 계속 거품기로 저어서 섞는다. 이것을 우유 팬에 다시 붓고 바닥에 눌어붙지 않도록 거품기로 바닥까지 계속 잘 젓는다.
3	계속 저으면서 원하는 농도가 될 때까지 약 2분 끓인다. 크림은 오래 끓일수록 더 되직해진다.
4	크림을 볼에 옮겨 담고 향신료를 넣어 섞는다. 공기가 닿지 않도록 크림 표면에 랩을 밀착시켜 덮고, 완전히 식으면 냉장고에 넣는다.

버터 크림

Butter Cream _ 300g 기준 • 준비 20분 • 조리 5분

재료 준비
버터 125g
달걀 1개
달걀노른자 1개
설탕 100g

물 20㎖
바닐라 엑스트랙트 4g,
또는 바닐라 엑스트랙트 2g+커피 엑스트랙트 3g

밑준비
실온에서 부드럽게 만든 버터를 핸드믹서로
2~3초 돌려서 크림화한다. 볼에 달걀 1개와 노
른자 1개를 넣고 거품기로 섞는다.

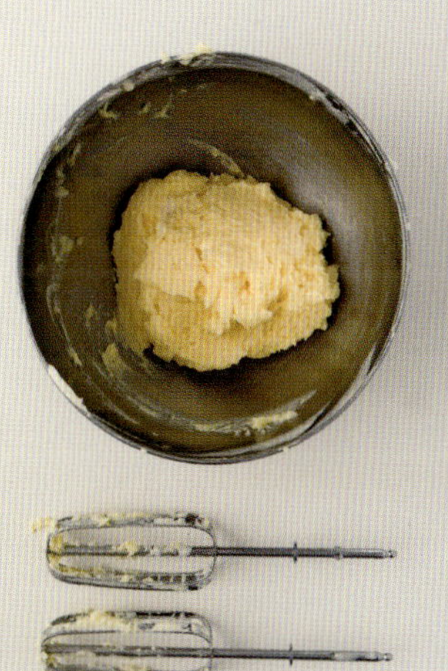  

1	팬에 물과 설탕을 넣는다.	**2**	'볼 단계'(ball stage, 용어 정리 참조)가 되도록 끓인다.

3	달걀을 풀어둔 볼에 2를 붓고 핸드믹서를 가장 세게 돌려서 식을 때까지 휘핑한다.

4	3을 크림화한 버터에 붓고 핸드믹서로 계속 휘핑하며 섞는다.	**5**	4에 바닐라 엑스트랙트만 넣거나, 또는 바닐라 엑스트렉트와 커피 엑스트랙트를 섞어 넣고 다시 섞는다.	**6**	완성된 크림. 만들어서 바로 사용한다.

아몬드 크림

Almond Cream _ 300g 기준 · 준비 15분

재료 준비

실온에 둔 버터 85g	슈거파우더 85g	옥수수 전분 8g
아몬드가루 85g	달걀 1개	럼주 8g

1 2
3 4

1	중간 크기의 볼에 버터를 넣고 부드러워질 때까지 나무주걱으로 계속 젓는다.	**2**	버터가 든 볼에 체를 올리고 아몬드가루와 슈거파우더를 체로 쳐서 넣는다.
3	작은 버터 알갱이들이 조금 보이고 반죽이 젖은 모래알처럼 될 때까지 나무주걱으로 섞은 다음, 달걀을 넣고 다시 잘 섞는다.	**4**	크림이 균일하게 잘 섞이면 옥수수 전분과 럼주를 넣어 섞는다. 랩으로 싸서 냉장보관한다.

레몬 커드

Lemond Curd _ 준비 15분 · 조리 5~10분

재료 준비

달걀노른자 4개

설탕 125g

레몬즙 80g(레몬 1~2개 분량)

레몬 껍질 간 것 ½개

버터 65g

보관 방법

완전히 식은 다음 밀폐 유리병에 담는다. 냉장고에서 2주 정도 보관할 수 있다.

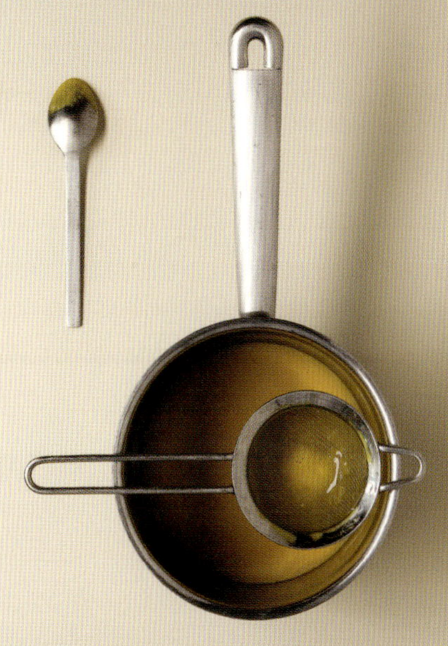

1 달걀노른자를 푼 다음 팬에 고운체를 올리고 달걀을 부어 체에 거른다.	**2** 1에 레몬즙과 설탕을 넣고 섞어서 중간 불에 올린다. 팬 가장자리에 눌어붙지 않도록 스패츌러로 가장자리를 긁어가며 5~10분 섞는다.
3 스패츌러에 묻은 커드를 손가락으로 긁어서 선명하게 자국이 남으면 완성이다. 커드는 식으면 농도가 더 되직해진다.	**4** 불을 끄고 레몬 껍질 간 것과 사각으로 자른 버터를 넣고 저어서 섞은 다음, 다른 볼에 부어서 식힌다.

초콜릿 무스

Chocolate Mousse _ 300g 기준 • 준비 20분 • 조리 5분 • 굳히기 2시간

재료 준비

다크 초콜릿(카카오 64% 이상) 125g

버터 50g

달걀노른자 2개

달걀흰자 3개

백설탕 20g

밑준비

초콜릿과 버터를 작은 조각으로 자른다. 달걀은 차가울 경우 뜨거운 물이 담긴 볼에 몇 분 정도 담가둔다.

1	작은 팬에 초콜릿을 넣고 아주 약한 불로 녹인다.	**2**	버터를 넣고 거품기로 섞은 다음 불을 끈다.	**3**	달걀노른자를 하나씩 넣으면서 잘 섞어서 식힌다.
4	볼에 달걀흰자를 넣고 중간 중간 설탕을 넣으면서 거품을 내 단단한 거품의 머랭을 만든다.	**5**	3에 머랭을 ¼ 정도 덜어서 거품이 꺼지지 않도록 주의해 섞는다. 남은 머랭도 모두 넣고 같은 방법으로 잘 섞는다.	**6**	5의 초콜릿 무스를 라메킨에 나누어 담고 냉장고에서 2시간 이상 차게 굳힌다.

※ 라메킨 : 오븐에 구울 수 있는 1인용 작은 도자기 그릇. 베이킹 컵이나 일반 도자기 컵을 사용해도 된다.

초콜릿 가나슈

Chocolate Ganache _ 100g 기준 • 준비 5분 • 조리 10분

재료 준비
다크 초콜릿(카카오 52% 이상) 50g
생크림 15㎖
우유 50㎖

밑준비
초콜릿을 조각을 낸다.

1	작은 팬에 생크림과 우유를 넣고 끓인다.
2	팬을 불에서 내려 초콜릿을 넣고 녹을 때까지 잘 젓는다.
3	팬을 중간 불에 올리고, 기포가 생기면 스패츌러로 2분 정도 더 저으면서 끓인다.
4	완성된 가나슈를 바로 사용하거나, 아니면 작은 볼에 옮겨 담고 가나슈 표면에 랩을 밀착시켜 덮은 다음 냉장고에 넣어 식힌다.

판나 코타

Panna Cotta _ 4인분 기준 • 준비 15분 • 조리 7분 • 굳히기 최소 2시간

재료 준비
판 젤라틴 2장(4g)
바닐라빈 1개
생크림 400㎖
백설탕 60g

밑준비
판 젤라틴을 찬물에 넣어 불린다.
작은 팬에 생크림을 붓고, 바닐라빈을 길이로 반
가른 다음 가운데 씨를 칼끝으로 긁어 껍질과 같
이 넣는다

1	팬에 생크림과 바닐라빈을 넣고 중간 불에 올려 가열한다.	**2**	크림에서 김이 오르기 시작하면 설탕을 넣고 저어서 녹인다.	**3** 불을 더 세게 한 다음 크림이 한 번 끓으면 불을 끈다.

1	팬에 생크림과 바닐라빈을 넣고 중간 불에 올려 가열한다.
2	크림에서 김이 오르기 시작하면 설탕을 넣고 저어서 녹인다.
3	불을 더 세게 한 다음 크림이 한 번 끓으면 불을 끈다.
4	1분 정도 두었다가 바닐라빈을 건져 내고, 미리 불려놓은 판 젤라틴을 손으로 한 번 짜서 넣는다.
5	젤라틴이 녹아 고루 섞이도록 거품기로 크림을 세게 젓는다.
6	크림을 5분 정도 그대로 두어 식히는데, 위에 막이 생기지 않도록 중간에 한 번씩 젓는다.

7
6의 크림을 4개의 라메킨에 나누어 담는데,
바닐라빈이 고루 들어가도록 가끔 저어준다.
크림이 실내온도와 비슷한 정도로 식으면 랩을 씌워서
최소 2시간 이상 냉장고에 넣어 굳힌다.

완 성
◆
냉장고에서 판나 코타 하나를 꺼내 조금 흔들어봐서 크림이
흔들리지 않으면 완성이다. 완성되면 틀을 뒤집어서 꺼내거나,
먹을 때까지 다시 냉장고에 보관한다.

※ 라메킨 : 오븐에 구울 수 있는 1인용 작은 도자기 그릇. 베이킹 컵이나 일반 도자기 컵을 사용해도 된다.

8

판나 코타를 꺼내려면 내열용기에 끓는 물을 채우고, 라메킨에서 랩을 벗긴 다음 내열용기에 넣는다. 이때 라메킨이 너무 윗부분까지 잠기지 않도록 물의 양을 조절한다. 8~10초 정도 기다렸다가 라메킨 위에 접시를 덮고 재빨리 뒤집는다. 라메킨을 살살 흔들면서 판나 코타를 완전히 빼낸다.

얇은 틀

◆

라메킨보다 얇은 틀을 사용한 경우에는 물의 열이 더 빨리 전달되므로 뜨거운 물에 3~5초 정도만 담갔다 빼낸다.

캐러멜

Caramel _ 100g 기준 · 준비 5분 · 조리 5분

재료 준비
물 30㎖
백설탕 100g

유용한 도구
페이스트리 브러시가 있으면 팬 가장자리에 물을 바르기 편하다. 그러면 완성된 캐러멜을 따를 때 편리하다

플러스 팁
팬을 씻을 때 팬에 물을 담아서 끓인다. 물이 끓으면 스패츌러 등으로 캐러멜을 긁어내고, 깨끗하게 다 떨어지면 물을 따라버린다.

1	작고 바닥이 두꺼운 팬에 물과 설탕을 넣는다.	2 약한 불로 가열하며 설탕이 녹을 때까지 거품기로 젓는다.	3 페이스트리 브러시를 설탕물에 담갔다가 빼서 팬의 옆면에 발라가며 가열한다.
4	부글부글 끓기 시작하면 곧바로 젓는 것을 멈추고 캐러멜 색이 날 때까지 그대로 둔다.	5 캐러멜화가 더 진행되는 것을 막기 위해 팬을 몇 초 정도 찬물에 담근다.	6 캐러멜은 식으면 굳어서 작업하기가 어려우므로 최대한 빨리 사용하는 것이 좋다.

솔티 버터 캐러멜 소스

Salty Butter Caramel Sauce _ 200g 기준 • 준비 5분 • 조리 10분

재료 준비
가염 버터 15g
생크림 100㎖
물 30㎖
백설탕 100g

밑준비
버터를 작은 조각으로 자른다.

1	작은 팬에 생크림을 붓고 중간 불로 가열한다.	2	바닥이 두꺼운 팬을 하나 더 준비해서 물과 설탕을 넣는다.	3	설탕이 녹을 때까지 약한 불로 가열하며 계속 젓는다.
4	설탕물이 끓기 시작하면 바로 젓는 것을 멈추고 적갈색이 될 때까지 그대로 둔다.	5	적갈색 캐러멜에 1의 뜨거운 크림을 넣고 거품기로 잘 섞으면서 2분 정도 가열한다.	6	불을 끄고 버터를 넣은 다음 잘 섞어서 식힌다. 완전히 식으면 캐러멜이 굳는다.

초콜릿 소스

Chocolate Sauce _ 300g 기준 · 준비 5분 · 조리 5분

재료 준비
다크 초콜릿 110g
우유 90㎖
생크림 100㎖

밑준비
초콜릿을 조각을 낸다.

1	작은 팬에 우유와 생크림을 붓고 끓인다.	2	불을 끄고 초콜릿을 넣는다.
3	초콜릿이 완전히 녹을 때까지 스패츌러로 저어서 섞는다.	4	불에 다시 올렸다가 끓기 시작하면 불을 끄고 바로 사용한다.

믹스 베리 쿨리

Mix Berry Coulis _ 200g 기준 • 해동 10분 • 준비 5분 • 조리 1분

재료 준비
냉동 믹스 베리 200g
백설탕 50g
소금 1꼬집
레몬즙 6g

밑준비
냉동 믹스 베리를 내열 볼에 담고 랩을 씌워서 뜨거운 물에 얹어 녹을 때까지 중탕한다. 해동되기까지 10분 정도 걸리는데, 5분이 지나면서부터는 저어서 섞는다.

※ 쿨리(Coulis) : 과일이나 채소를 조려서 체에 거른 소스, 젤리, 퓌레 등을 말함

1 2
3 4

1 중탕으로 해동한 믹스 베리에 설탕과 소금을 뿌리고 1분 정도 녹게 두었다가 섞는다.	**2** 푸드프로세서 용기에 1을 전부 넣고 20초 정도 돌려 골고루 섞이게 간다.
3 볼에 체를 올리고 2를 부은 다음 스패츌러로 꾹꾹 눌러서 체에 내려 즙을 짜낸다.	**4** 레몬즙을 넣어 잘 섞은 다음 뚜껑을 덮어 최소 1시간 이상 냉장고에 넣어둔다. 쿨리는 4일 정도 냉장보관할 수 있다.

믹스 베리 콩포트

Mix Berry Compote _ 250g 기준 • 해동 10분 • 준비 10분 • 조리 5분

재료 준비
냉동 믹스 베리 230g
백설탕 20g
꿀 6g
발사믹 식초 8g

밑준비
냉동 믹스 베리를 내열 볼에 담고 랩을 씌워서
끓는 물 위에 얹어 녹을 때까지 중탕한다. 해동
되기까지 10분 정도 걸리는데, 5분이 지나면서
부터는 저어서 섞는다.

1	베리는 건져내고 즙만 남긴다. 팬에 베리 즙 40㎖와 설탕, 꿀, 발사믹 식초를 함께 넣고 중간 불에 올려 한 번씩 저어가며 설탕을 녹인다.
2	걸쭉해지도록 졸이는데, 팬에 숟가락을 넣었다가 빼서 숟가락 뒷면에 시럽이 흘러내리지 않고 마치 코팅된 것처럼 묻어 나오면 완성이다.
3	2의 시럽을 미지근하게 식힌 다음 베리를 넣고 잘 섞는다. 시럽은 식을수록 걸쭉해진다.
4	콩포트가 차가워지면 랩을 씌워서 냉장보관한다.

샹티이 크림

Chantilly Cream _ 550g 기준 · 준비 10분

재료 준비
휘핑크림 500㎖
슈거파우더 50g
바닐라빈 1개

밑준비
믹싱 볼보다 큰 볼을 준비해서 얼음과 냉수를 채운다.

플러스 팁
샹티이 크림을 적은 양만 만들 때는 깊은 볼을 사용하고, 찬물 중탕을 생략한다.

※ 샹티이 크림 : 휘핑크림 또는 생크림(유지방 30% 이상)과 설탕을 넣고 잘 저어서 거품을 낸 크림으로, 케이크를 장식하거나 커피에 넣어 먹는다.

1	얼음물이 담긴 볼에 믹싱볼을 넣고 차가운 휘핑크림을 붓는다.	**2**	볼에 슈거파우더를 넣고, 바닐라빈을 길이로 갈라서 씨를 긁어 넣는다.
3	볼을 한쪽으로 기울여서 공기와의 접촉을 최소화하고, 핸드믹서를 가장 세게 돌려서 거품을 낸다.		**휘핑기** ◆ 휘핑기(용어 정리 참조)에 크림, 설탕, 바닐라빈을 넣고 닫은 다음, 제품 설명서대로 가스 캡슐을 연결하고 흔들면 상티이 크림이 된다.

플레인 아이싱

Plain Icing _ 100g 기준 • 준비 5분

재료 준비
달걀흰자 ½개
슈거파우더 100g
레몬즙 1작은술

플러스 팁
더 되직한 아이싱을 원한다면 슈거파우더를 조
금씩 더 넣어가며 원하는 농도가 되도록 조절한
다. 최대 25g까지 더 넣을 수 있다.

보관 방법
냉장보관일 경우 며칠, 냉동보관일 경우에는 밀
폐용기에 넣어서 한 달 정도 보관할 수 있다. 냉
장 또는 냉동 보관하였다가 사용할 때는 슈거파
우더를 조금 더 넣는다.

1 볼에 달걀흰자와 슈거파우더를 넣는다.	**2** 흰색 크림이 될 때까지 나무주걱으로 2분 정도 저어 섞는다.
3 마지막에 레몬즙을 넣고 10초 정도 섞는다.	**4** 스패츌러로 케이크 위에 아이싱을 펴 바른다. 아이싱이 굳도록 몇 분 정도 그대로 두었다가 케이크를 적당한 크기로 잘라서 담아 낸다.

초콜릿 아이싱

Chocolate Icing _ 200g 기준 • 준비 5분 • 조리 10분

재료 준비
다크 초콜릿 100g
버터 40g
슈거파우더 80g
물 3큰술

밑준비
초콜릿과 버터를 작은 조각으로 자른다. 달걀이
차가울 경우 뜨거운 물이 담긴 볼에 몇 분 정도
담가둔다.

1	2
3	4

1	작은 팬에 초콜릿을 넣어 최대한 약한 불에서 녹이며(중탕도 가능), 부드러워질 때까지 스패츌러로 젓는다.	**2**	계속 가열하다가 버터와 슈거파우더를 넣고 함께 녹이면서 계속 젓는다.
3	불을 끄고 물을 넣는다. 아이싱이 매끄럽지 않으면 다시 불에 올려서 젓는다. 완성되면 그대로 식히는데, 너무 오래 식히면 굳어서 잘 발라지지 않으므로 주의한다.	**4**	케이크 위에 3의 아이싱을 적당한 두께로 펴 바른다. 아이싱은 바르자마자 굳지 않는데, 굳었는지 손으로 만져보다 손자국이 남지 않도록 조심한다.

2

2

SIMPLE DESSERT

심플 디저트

요구르트 케이크

Yogurt Cake _ 8인분 기준 • 준비 15분 • 베이킹 50분

재료 준비
달걀 3개
플레인 요구르트 125㎖
해바라기유 120㎖+틀에 바를 해바라기유 조금
백설탕 240g

레몬즙 ½개 분량
박력분 240g
베이킹파우더 5g
소금 4g

밑준비
오븐은 180℃로 예열하고, 지름 22㎝ 크기의
논스틱(non-stick, 눌어붙지 않는) 케이크 틀에
키친타월 등으로 기름을 조금 바른다.

1 큰 볼에 달걀을 넣고 푼다.	**2** 달걀을 푼 볼에 요구르트를 넣고 거품기로 저어 섞는다.	**3** 달걀을 푼 볼에 해바라기유를 넣고 다시 잘 섞는다.
4 설탕을 넣으면서 거품기로 계속 저어 섞고, 설탕이 잘 섞이면 마지막으로 레몬즙을 넣는다.	**5** 박력분, 베이킹파우더, 소금을 잘 섞어서 넣고 다시 거품기로 저어 섞는다.	**6** 준비한 케이크 틀에 반죽을 넣어서 50분 정도 구운 다음, 틀에서 빼서 식힘망에 놓고 식힌다.

버터 케이크

Butter Cake _ 8~10인분 기준 • 준비 25분 • 베이킹 50분

재료 준비

실온에 둔 버터 225g+틀에 바를 버터 10g
백설탕 265g
달걀 3개+달걀노른자 3개
바닐라 엑스트랙트 10g

물 8㎖
소금 4g
박력분 180g

밑준비

오븐 망을 중간 단에 넣고 오븐을 165℃로 예열
한다. 사바랭 틀(도넛 모양)에 버터를 고루 발라
서 냉장고에 넣어둔다.

1 핸드믹서를 이용해 버터가 완전히 부드러워질 때까지 15초 정도 섞는다.	**2** 핸드믹서를 계속 돌리면서 버터 위에 설탕을 조금씩 뿌려 섞는데, 30초 정도 걸린다. 버터가 하얗게 될 때까지 핸드믹서로 4~5분 더 섞는다.
3 주둥이가 있는 볼에 달걀과 달걀노른자, 바닐라 엑스트랙트를 넣어 거품기로 잘 섞는다.	**4** 3의 달걀물을 조금씩 넣으면서 핸드믹서를 중간 속도로 돌려 30초 정도 잘 섞는다. 소금을 넣고 다시 섞는다.

밀가루를 ⅓ 정도 넣고 스패츌러로 잘 섞는다.
남은 밀가루도 두 번에 나누어 넣고 섞는데,
그때마다 밀가루가 골고루 섞였는지 확인한다.

5

준비한 틀에 반죽을 붓고 주걱 뒷면을 이용하여 반죽 표면을
고르게 정리한 다음, 예열된 오븐에 넣어 50분 정도 굽는다.

6

구운 케이크는 사바랭 틀에서 바로 빼내지 않고
5분 정도 그대로 둔다. 틀에서 빼면 식힘망에 올려서
식힌다.

달걀

◆

반죽의 질감을 균일하게 하려면 실온에 둔 달걀을 사용한다.
계속 냉장고에 넣어둔 달걀은 사용하기 전에 뜨거운 물이 담긴
볼에 몇 분 동안 담가둔다. 5의 사진처럼 반죽에 조금 멍울이
보여도 만들어진 케이크에는 지장이 없으므로 걱정할 필요 없다.

마블 케이크

Marbled Cake _ 8인분 기준 · 준비 30분 · 베이킹 1시간

재료 준비

버터 200g+틀에 바를 버터 조금
달걀 4개
백설탕 200g
소금 4g

박력분 200g
바닐라 설탕 15g
코코아파우더 30g

밑준비

오븐 망을 중간 단에 넣고 오븐을 180℃로 예열
한다. 28cm(11in) 파운드 틀에 버터를 골고루 바
른다.

1	팬에 버터를 넣고 가열하여 녹으면 바로 불을 끈다.	**2**	달걀을 흰자와 노른자로 분리하여 볼 2개에 나누어 담는다.
3	달걀노른자에 설탕과 소금을 넣고 나무주걱으로 골고루 섞는다.	**4**	3에 밀가루와 녹인 버터를 조금씩 번갈아 넣으면서 계속 잘 섞는다.

5	6
7	8

5 핸드믹서를 이용해 흰자로 머랭을 만드는데, 중간에 준비한 바닐라 설탕을 반만 넣는다.	**6** 머랭을 4의 반죽에 넣고 나무주걱으로 섞는다.
7 반죽을 2개의 볼에 나누어 담고 한쪽에는 코코아파우더를, 다른 하나에는 남은 바닐라 설탕을 넣는다.	**8** 파운드 틀에 숟가락으로 두 가지 반죽을 번갈아 떠 넣어 마블 효과를 낸다.

9 파운드 틀을 예열한 오븐에 넣고 1시간 굽는다.
다 익었는지 확인하려면 뾰족한 칼의 끝부분을 케이크
가운데에 찔러 넣었다 빼본다. 칼이 깨끗하게 빠져
나오면 완성이다.

흰자 거품

◈

달걀흰자 거품이 들어가는 대부분의 레시피에서 반죽이 주저앉을
수 있으므로, 흰자 거품을 반죽에 섞을 때는 거품이 꺼지지
않도록 조심한다. 그러나 이 레시피에서는 마지막 반죽 자체가
아주 되직하므로 흰자 거품을 넣을 때 그다지 조심하지 않아도
된다.

초콜릿 퐁당

Chocolate Fondants _ 4인분 기준 • 준비 15분 • 베이킹 15~18분

재료 준비
버터 115g
초콜릿 115g
달걀 4개
백설탕 115g

박력분 50g

밑준비
오븐 망을 중간 단에 넣고 오븐을 180℃로 예열한다.

1	작은 팬에 버터를 사각으로 잘라 넣고, 초콜릿도 작은 조각으로 잘라 넣는다.	2	약한 불에 올려서 버터가 녹기 시작하면 스패츌러로 저어가며 녹인다.
3	버터와 초콜릿이 완전히 녹으면 바로 불을 끈다.	4	주둥이가 있는 볼에 달걀과 설탕을 넣고 부드러워질 때까지 10초 정도 잘 저어서 섞는다.

5
6 7

5 4에 녹인 초콜릿을 붓고 거품기로 가볍게 섞는다.

6 밀가루를 세 번에 나누어 넣고 스패츌러로 잘 섞는다.

7 라메킨 4개, 또는 지름 7㎝ 높이 5㎝의 틀에 반죽을 붓고 오븐에 넣어 15~18분 정도 굽는다.

완성

◆

오븐이 꺼져도 바로 꺼내지 말고 라메킨 하나를 살짝 흔들어본다.
가운데가 거의 흔들리지 않으면 완성이다.
굽는 시간은 퐁당의 크기와 높이에 따라 다를 수 있다.

반죽 준비

◆

퐁당은 반죽을 미리 밑준비해둘 수 있다. 라메킨에 반죽을
채우고 각각 랩으로 싸서 굽기 전까지 냉장고에 넣어 보관한다.
냉장고에서 꺼내면 랩을 벗기고 바로 17~20분 정도 굽는다.

글루텐프리 초코 케이크

Flour-Free Chocolate Cake _ 8인분 기준 • 준비 20분 • 베이킹 25분

재료 준비

달걀 5개
백설탕 170g
버터 220g+틀에 바를 버터 10g
다크 초콜릿(카카오 60% 이상) 200g

아몬드가루(체에 친 것) 80g

밑준비

오븐 망을 중간 단에 넣고 오븐을 180℃로 예열한다. 22㎝(9in) 사각 케이크 틀에 버터를 고루 발라서 냉장고에 넣어둔다.

1 큰 볼에 달걀을 넣어 노른자가 풀어질 정도로만 푼다. 설탕을 넣고 거품기로 저어 잘 녹이면서 섞는다.	**2** 팬에 버터와 초콜릿을 넣고 중간 불로 가열한다. 버터가 녹으면 불을 끄고, 스패츌러로 초콜릿이 완전히 녹을 때까지 젓는다.
3 풀어둔 달걀에 초콜릿을 부어 서로 섞일 정도로만 거품기로 가볍게 저은 다음, 아몬드가루를 넣고 다시 섞는다.	**4** 틀에 반죽을 채운 다음 작업대에 탁탁 내리쳐서 공기를 빼고, 오븐에 넣어 25분 정도 굽는다. 25분을 넘으면 안 된다.

브라우니

Brownie _ 8~10인분 기준 • 준비 20분 • 휴지 10분 • 베이킹 20~25분

재료 준비

버터 200g+틀에 바를 버터 조금
다크 초콜릿(카카오 70% 이상) 115g
호두 120g
백설탕 200g

달걀 4개
바닐라 엑스트랙트 3g
박력분 140g
소금 1g

밑준비

오븐 망을 중간 단에 넣고 오븐을 180℃로 예열
한다. 22㎝(9in) 사각 케이크 틀에 버터를 바르
고, 준비한 버터와 초콜릿은 작게 잘라둔다.

1	호두를 칼이나 손으로 굵게 다진다.	**2**	팬에 잘라둔 버터를 넣고 위에 초콜릿도 넣는다.	**3**	팬을 약한 불로 가열하며 버터가 녹을 때까지 스패츌러로 젓는다.
4	설탕을 넣고 2분 정도 섞은 다음 설탕이 완전히 녹지 않은 상태로 불에서 내린다.	**5**	버터와 초콜릿 녹인 것을 볼에 부어 10분 정도 식힌 다음, 달걀을 1개씩 넣고 거품기로 잘 섞는다.	**6**	5에 바닐라 엑스트랙트를 넣고 거품기로 한 번 더 섞는다.

7	다른 볼에 밀가루와 소금을 넣고 잘 섞어서 6의 초콜릿 볼에 붓는다.	**8**	밀가루가 보이지 않을 때까지 스패츌러로 잘 섞는다.
9	마지막으로 굵게 다진 호두를 넣고 섞는다.	**10**	준비한 틀에 반죽을 붓고 예열된 오븐에 넣어 20~25분을 굽는다. 다 구워지면 식힘망에 올려 식힌다.

완성
◆

칼끝으로 가운데를 찔렀다가 뺐을 때 깨끗하게 빠지지 않을 수
있는데, 틀을 좌우로 흔들어서 움직이지 않으면 다 익은 것이다.
서양의 브라우니는 한국과 달리 찐득해서 안이 살짝 덜 익은 듯한
상태에서 불을 끄며, 틀에서 빼내지 않고 그대로 식혀서 칼로
자르는 경우가 많다.

보관 방법
◆

브라우니를 6㎝×6㎝ 크기로 자른다. 한 번에 다 먹지 못하는
경우에는 랩이나 지퍼백 등에 하나씩 낱개 포장한다.
이렇게 하면 최대 4일 정도 냉장보관할 수 있다.

초콜릿 트러플 케이크

Chocolate Truffle Cake _ 6인분 기준 • 준비 15분 • 베이킹 30분

재료 준비
달걀 3개
백설탕 150g
물 140㎖
다크 초콜릿(카카오 52% 이상) 200g

버터 135g+틀에 바를 버터 조금
박력분 20g
장식용 코코아파우더 적당량

밑준비
오븐 망을 중간 단에 넣고 오븐을 180℃로 예열한다. 지름 22㎝(9in) 케이크 틀에 버터를 바르고 안에 유산지를 깐다.

1	볼에 달걀을 넣고 잘 풀어서 한쪽에 둔다.	**2**	팬에 설탕과 물을 넣고 중간 불로 가열하여 설탕을 녹인다.	**3**	설탕이 다 녹으면 바로 불을 끈다.
4	초콜릿을 조각조각 부수어 넣고 녹을 때까지 젓는다.	**5**	버터를 깍둑썰기로 썰어 넣고 완전히 녹을 때까지 젓는다.	**6**	5분 후에 미리 풀어놓은 달걀을 넣어 섞는다.

7 8
9 10

7	초콜릿 반죽에 밀가루를 넣고 거품기로 저어 섞는다.	8	준비한 틀에 반죽을 부어 오븐에 넣는다. 가운데 부분이 찰랑거리지 않을 때까지 30분 정도 굽는다.
9	오븐에서 꺼내 틀째로 식힘망에 올려 5분 정도 식힌다. 틀 위에 접시를 놓고 뒤집어 틀에서 빼낸다.	10	케이크가 완전히 식으면 랩으로 싼다.

케이크는 차가울수록 맛있으므로 먹기 전까지 냉장고에 넣어둔다. 먹기 바로 전에 꺼내서 코코아파우더를 체에 내려 뿌린다.

11

중탕으로 굽기

◆

오븐 망을 두 번째 단에 넣고, 그 아랫단에 높이가 낮은 내열용기를 함께 넣어 예열한다. 반죽을 담은 틀을 오븐에 넣기 전에 먼저 아랫단의 내열용기에 뜨거운 물을 채워 넣고, 케이크 틀을 오븐 망에 올려 중탕으로 굽는다.

당근 케이크

Carrot Cake _ 8인분 기준 • 준비 20분 • 베이킹 55분

재료 준비
중력분 180g
베이킹소다, 베이킹파우더, 소금, 시나몬파우더,
스파이스 믹스 각 4g씩
달걀 3개

백설탕 210g
해바라기유 150㎖
사과 콩포트 시럽 60g
채 썬 당근 225g
굵게 다진 호두 50g

건포도 45g

밑준비
오븐 망을 중간 단에 넣고 오븐을 180℃로 예열
한다. 28㎝(11in) 파운드 틀 안에 유산지를 깐다.

1 큰 볼에 가루 재료를 모두 체에 쳐서 넣고 가운데를 움푹하게 파놓는다.	**2** 다른 볼에 달걀을 넣고 거품기로 달걀 노른자를 깨트려 충분히 푼다.	**3** 2에 설탕을 넣고 조금 되직하고 부드러워질 때까지 젓는다.
4 해바라기유를 조금씩 넣으면서 마요네즈를 만들듯이 거품을 내며 젓는다.	**5** 사과 콩포트 시럽을 넣는다.	**6** 1의 움푹하게 파놓은 곳에 5의 달걀물을 붓는다.

7

스패츌러로 반죽을 가볍게 섞은 다음 채 썬 당근,
굵게 다진 호두와 건포도를 넣고 고루 섞일 때까지
스패츌러로 계속 섞는다.

반죽의 기포

◈

반죽의 기포를 없애고 파운드 틀에 반죽을 빈틈없이 채우기 위해
틀을 작업대에 탁탁 내려친 다음에 굽는다.

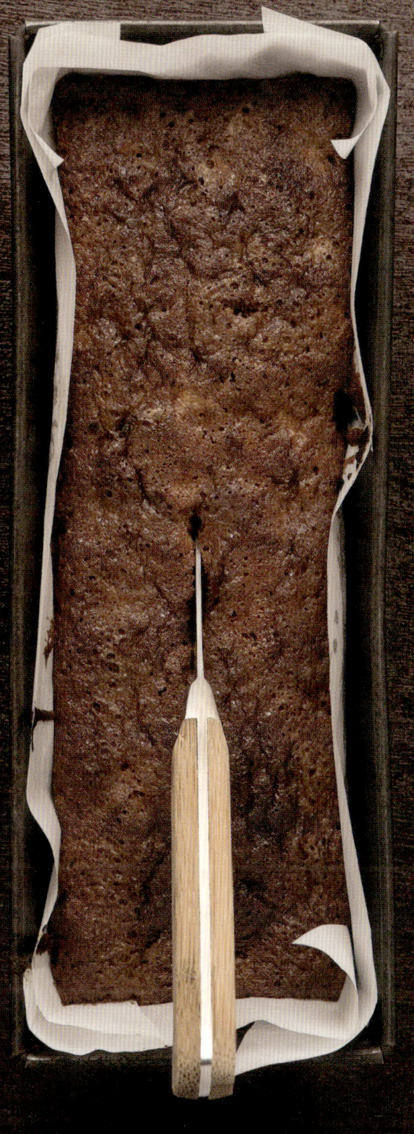

8 유산지를 깐 파운드 틀에 반죽을 담고 55분 정도 굽는다. 완성되면 칼을 넣어 틀 가장자리를 따라 돌려준다. 식힘망에 올리기 전에 15분 정도 그대로 두어 아이싱(다음 페이지 참조)을 바르기 전에 완전히 식힌다. 담아 낼 때는 케이크를 2㎝ 두께로 자른다.

완 성

케이크가 다 익으면 진한 붉은빛이 도는 갈색이다. 케이크 중간을 칼로 찔렀을 때 묻어 나오지 않고 깨끗하면 완성이다.

당근 케이크 아이싱

Carrot Cake Icing _ 150g • 준비 10분

재료 준비
버터 25g
크림치즈 45g
레몬즙 2g
바닐라 엑스트랙트 3g

슈거파우더 60g

밑준비
버터를 조각으로 잘라서 크림화한다.

1 2
3 4

1	버터와 크림치즈가 완전히 부드러워질 때까지 스패츌러로 섞는다.	2	푸드프로세서에 옮겨 담고 레몬즙과 바닐라 엑스트랙트를 넣어 5초 정도 돌린다. 스패츌러로 옆면에 붙은 반죽도 긁어 모은다.
3	슈거파우더를 넣고 다시 10초 정도 돌려 반죽이 크림처럼 될 때까지 섞는다.	4	볼에 담아 랩을 씌우면 최대 4일 정도 냉장보관할 수 있다. 당근 케이크를 먹기 전에 위에 펴 바른다.

바나나 호두 케이크

Banana Walnut Cake _ 8~10인분 기준 • 준비 25분 • 베이킹 50분~1시간

재료 준비
실온에 둔 버터 150g
백설탕 150g
실온에 둔 달걀 3개
바나나 4개

바닐라 엑스트랙트 9g
호두 75g
박력분 330g
베이킹파우더 9g

밑준비
오븐을 165℃로 예열하고, 사바랭 틀(도넛 모양)
에 오일을 발라두거나 논스틱 팬(non-stick, 눌
어붙지 않는)을 사용한다.

1	볼에 실온에 둔 버터를 넣고 핸드믹서로 15초 정도 풀어준 다음 설탕을 넣는다.	2	크림 상태의 버터 색깔이 연해지면서 가볍고 푹신푹신해질 때까지 몇 분 동안 핸드믹서로 휘핑한다.
3	작은 볼에 달걀을 풀어서 2에 천천히 부어가며 핸드믹서를 중간 속도로 맞추어 계속 휘핑한다.	4	바나나를 포크로 으깨어 넣고 바닐라 엑스트랙트도 넣은 다음 거품기를 이용해 섞는다.

호두를 굵게 다져서 볼에 담고 밀가루와
베이킹 파우더를 넣어 잘 섞는다.

이렇게 잘 섞은 것을 바나나를 으깨 넣고 잘 섞은 반죽에 넣어
스패츌러로 고루 섞는다.

5

6 틀에 반죽을 붓고 철판에 올려 오븐에 넣은 다음 50분~1시간 정도 굽는다. 케이크가 다 구워지면 오븐에서 꺼내 15분 정도 그대로 두었다가 틀에서 꺼낸다. 적당한 크기로 잘라서 그대로 내거나, 버터나 잼을 곁들여 낸다.

파운드 틀

◆

28cm(11in) 파운드 틀을 사용해도 좋다. 이 경우에는 180℃에서 구우며, 어떤 틀을 사용하든 익었는지 확인하는 방법은 똑같다. 케이크 한가운데에 날카로운 칼 끝을 넣었다가 뺐을 때 아무것도 묻어나지 않고 깨끗해야 다 익은 것이다.

진저 브레드

Ginger Bread _ 8~10인분 기준 • 준비 14분 • 베이킹 55분

재료 준비
박력분 300g / 소금 3g
베이킹소다 4g / 생강가루 5g
스파이스 믹스 3g / 시나몬파우더 2g
넛맥가루 2g / 코코아파우더 3g

버터 100g+틀에 바를 버터 조금
메이플시럽 230㎖ / 백설탕 150g
발효버터밀크 110㎖
우유 110㎖
달걀 1개

밑준비
오븐을 180℃로 예열한다. 액체 재료들과 달걀을 반드시 실온에 미리 꺼내두고, 버터는 녹인다.

※ 발효버터밀크 : 우유를 젖산균으로만 발효시킨 살균 발효 탈지유

1	중간 볼에 밀가루, 소금, 베이킹소다, 스파이스 믹스, 코코아파우더를 넣고 섞는다.	**2**	큰 볼에 버터를 녹여 넣고 메이플시럽, 설탕, 발효버터밀크, 우유, 달걀을 넣는다.
3	핸드믹서를 느린 속도로 약하게 돌려서 2의 액체 재료들을 섞는다.	**4**	1에서 섞어놓은 가루 재료들을 전부 넣고 핸드믹서를 중간 속도로 돌려서 반죽을 고루 섞는다.

5

28cm(11in) 파운드 틀에 버터를 고루 바른 다음
반죽을 붓고 오븐에 넣어 55분 정도 굽는다.

굽 기

◆

케이크가 타지 않게 하려면 파운드 틀을 철판 위에 올려놓고
굽는다.

6

다 구워지면 오븐에서 꺼내 10분 정도 그대로 두어
식힌 다음 틀에서 빼서 식힘망에 올려놓는다.
실온 정도로 식으면 랩으로 싼다.

먹 는 방 법

◆

실온 정도로 식었을 때 먹거나, 따뜻할 때 그대로 먹거나,
또는 크렘 프레시나 휘핑크림을 곁들여 먹는다.
이 케이크는 랩을 씌워 실온에서 5일 정도 보관할 수 있다.

※ 크렘 프레시(Creme fraîche) : 풍부한 맛과 벨벳처럼 부드러운 질감의 크림으로 사워크림보다 덜 시다.

콘 브레드

Corn Bread _ 8인분 기준 · 준비 15분 · 베이킹 30분

재료 준비
버터 30g+틀에 바를 버터 조금
폴렌타(옥수수가루) 150g
박력분 150g
베이킹파우더 8g

베이킹소다 4g
백설탕 20g / 소금 4g
달걀 2개
우유 150㎖
발효버터밀크 150㎖

밑준비
오븐 망을 중간 단에 넣고 오븐을 220℃로 예열한다. 28㎝(11in) 파운드 틀 또는 18㎝(7in) 사각 케이크 틀에 버터를 고루 바른다.

※ 발효버터밀크 : 우유를 젖산균으로만 발효시킨 살균 발효 탈지유

1 작은 팬에 버터를 녹이는데, 녹으면 바로 불을 끈다.	**2** 큰 볼에 폴렌타, 박력분, 베이킹파우더, 베이킹소다, 설탕, 소금을 넣는다.
3 2의 가루 재료들을 모두 섞고 가운데를 움푹하게 파놓는다.	**4** 파놓은 곳에 달걀을 깨뜨려 넣고 나무주걱으로 살살 저어가며 섞는다.

5	우유와 발효버터밀크를 넣고 가루가 보이지 않을 때까지 골고루 섞는다.	6	녹인 버터를 넣고 버터가 반죽에 잘 스며들 때까지 골고루 잘 섞는다.
7	반죽을 틀에 부어서 오븐에 넣고 30분 정도 굽는다.	8	윗부분에 갈색이 돌면 오븐에서 꺼내 틀에서 빼낸 다음 식힘망에 올려 5~10분 정도 식힌다.

<table>
<tr><td>

먹는 방법

◈

작고 네모난 조각으로 잘라서 낸다. 버터를 조금 곁들여서
따뜻하게 먹는데, 케이크처럼 그대로 먹어도 좋고,
수프나 채소 요리 등에 사이드 메뉴로 곁들여 내도 좋다.

</td><td>

데우기

◈

바로 먹지 않을 경우 빵을 반드시 덮어두고,
먹을 때 180℃ 오븐에 5~10분 정도 데운다.

</td></tr>
</table>

3

3

UPGRADE DESSERT
업그레이드 디저트

슈 페이스트리

Choux Pastry _ 슈 반죽 300g 기준 • 준비 20분 • 베이킹 15~20분

재료준비

달걀 2개
물 120㎖
잘게 자른 버터 50g
소금 2g

박력분 75g

밑준비

오븐 망을 중간 단에 넣고 오븐을 220℃로 예열
한다. 철판에는 유산지를 미리 깔아둔다. 달걀은
볼에 잘 풀어둔다.

1	팬에 물, 버터, 소금을 넣고 중간 불에서 버터가 녹을 때까지 가열한다.	2	버터가 끓기 시작하면 바로 불을 끄고 냄비받침에 옮겨 놓은 다음, 밀가루를 한 번에 다 넣는다.
3	나무주걱으로 가볍게 섞어 하나의 덩어리로 만든다.	4	풀어둔 달걀을 반 정도 넣고 충분히 저어 섞은 다음, 나머지 반도 넣어 섞는다.

5	반죽을 바로 짤주머니에 채워 넣고 가위로 주머니 끝을 자른 다음, 유산지를 깐 철판에 반죽을 짜놓는다. 이때 반죽이 구워지면서 충분히 부풀 수 있도록 반죽 사이의 간격을 적당히 벌려놓는다.	**슈 모양** ◆ 철판 위에 반죽을 짤 때 짤주머니를 직각으로 세운 다음 계속 그 각도를 유지하면서 반죽을 짠다. 그래야 반죽의 양이 일정하게 나와서 슈 모양도 고르게 나온다.

6

오븐에 넣고 10분 정도 구운 다음, 오븐 문에
나무주걱을 끼워 조금 열어둔 상태로 다시 5분 정도
더 굽는다. 다 구워지면 식힘망에 올려서 식힌다.

잘 부푼 슈
◆

슈를 오븐에 넣기 바로 직전에 젖은 포크로 콕콕 찌른다.
그러면 슈들의 모양이 일정하게 나오고, 구워지면서 잘 부풀어
오른다. 또, 오븐 문을 열기 전에 먼저 슈에 살짝 구워진 색이
도는지 확인한 다음에 연다.

프랄린 슈

Praline Choux _ 슈 25개 기준

프랄린 페이스트리 크림(레시피 02) 700g과 슈 25개를 준비한다.
날카로운 칼로 슈 밑면에 구멍을 뚫고, 크림을 짤주머니에 넣어
슈 밑면의 구멍에 크림을 가득 짜 넣는다.

프랄린 페이스트리 크림으로 슈의 속을 다 채운 다음에는 슈를
뒤집어서 다시 바로 세워둔다.

캐러멜 토핑

Caramel Topping _ 슈 25개 기준

슈에 크림을 채웠으면 캐러멜(레시피 09) 100g을 만든다.
캐러멜 색이 너무 진해지기 전에 불을 끄는데,
캐러멜은 불을 꺼도 계속 색이 진해지므로 주의한다.

캐러멜이 식기 전에 빨리 슈를 하나씩 윗부분만 살짝 담갔다가
건져서 식힘망에 올려둔다.

프로피테롤

Profiterole _ 슈 20개 기준 • 준비 10분 • 조리 5분

재료 준비
슈 반죽 300g(슈 20개 분량, 레시피 28)
바닐라아이스크림 500㎖

초콜릿 소스(300g 분량)
초콜릿 110g
우유 90㎖
생크림 100㎖

밑준비
슈를 만들어서 조금 식힌 다음, 빵칼로 위에서 ⅓ 지점을 자른다. 냉동실에서 아이스크림을 꺼내고, 초콜릿은 조각을 낸다.

1 2
3 4

1	먼저 초콜릿 소스를 만드는데, 작은 팬에 우유와 생크림을 넣고 가열한다.
2	불을 끄고 초콜릿을 넣어 녹을 때까지 젓는다. 다시 불을 켜서 살짝 끓으면 불을 끄고 한쪽에 둔다.
3	작은 스푼으로 슈에 부드러워진 아이스크림을 조금 넘치듯이 채워 넣고 잘라둔 윗부분을 덮는다.
4	접시에 초콜릿 소스를 조금 깔고 프로피테롤을 2개씩 올려서 남은 초콜릿 소스와 같이 낸다.

초콜릿 에클레르

Chocolate Éclair _ 20개 기준 • 준비 10분 • 조리 5분

재료 준비
슈 반죽 300g(10㎝ 길이의 에클레르 20개 분량)
초콜릿 페이스트리 크림 700g(레시피 02)

초콜릿 아이싱
다크 초콜릿 100g
슈거파우더 80g
버터 40g
물 3큰술

밑준비
레시피 28을 참고하여 만든 슈 반죽을 짤주머니
에 넣어 길게 짜서 굽는 방법으로 에클레르를 만
든다. 이것을 칼로 반으로 갈라서 짤주머니를 이
용하여 초콜릿 페이스트리 크림을 채워 넣는다.

1 2
3 4

1 먼저 초콜릿 아이싱을 만드는데, 초콜릿을 스패츌러로 저어가며 가장 약한 불에 녹이거나 중탕으로 녹인다.	**2** 팬을 계속 약한 불에 두고 슈거파우더와 사각으로 썬 버터를 넣어 저으면서 녹인다. 불을 끄고 물을 1큰술씩 넣어 섞으며 초콜릿 아이싱을 만든다.
3 아이싱이 살짝 식도록 잠시 둔다. 아이싱이 너무 뜨거우면 흘러내리고, 너무 식으면 잘 발라지지 않는다.	**4** 크림을 채운 에클레르를 식힘망에 올리고 팔레트나이프를 이용하여 초콜릿 아이싱을 두껍게 바른다.

슈케트

Chouquette _ 슈 25개 기준 • 준비 20분 • 베이킹 15분 + 5분

재료 준비
슈 반죽 300g
물 120㎖
잘게 자른 버터 50g
소금 2g

백설탕 6g
박력분 75g
달걀 2개

우박설탕 10g

밑준비
오븐을 200℃로 예열한다.

※ 우박설탕 : 하겔슈거, 데코슈거라고도 하며 장식용으로 많이 쓴다.

1

먼저 레시피 28에 나온 방법대로 팬에 물과 버터, 소금, 설탕을 넣어 녹인다. 밀가루와 달걀도 차례로 넣고 섞어서 반죽을 만든다.
충분한 간격을 두고 철판에 반죽을 짜놓은 다음 우박설탕을 뿌린다.

오븐에 넣어 15분 정도 굽고 오븐 문에 나무주걱을 끼워 살짝 열어둔 상태로 5분 정도 더 굽는다.
오븐에서 슈를 꺼내서 그대로 식힌다.

로즈 생토노레 슈

Rose Saint-Honoré Choux _ 4개 기준 • 준비 20분 • 베이킹 15~20분

재료 준비

페이스트리 크림 350g(레시피 02)
　　　　　+로즈워터 ½작은술
슈 반죽 300g(레시피 28)

플레인 아이싱 100g(레시피 15)
　　　　　+핑크색 식용색소 2방울
샹티이 크림 225g(레시피 14)
　　　　　+핑크색 식용색소 2방울

밑준비

철판에 유산지를 깔고, 오븐을 220℃로 예열한다. 페이스트리 크림을 만드는데, 우유에 로즈워터를 섞어 만든다.

1 유산지를 깐 철판에 슈 반죽으로 큰 도넛 모양의 슈 4개, 미니슈 12개를 짜서 오븐에 10~15분 굽는다. 오븐 문에 나무주걱을 끼워 살짝 열어두고 5분 정도 더 굽는다.

2 오븐에서 꺼내 10분 정도 식힌 다음 식힘망에 올린다. 도넛 모양의 슈는 칼로 가로로 반을 자르고, 미니슈는 밑면에 구멍을 뚫는다.

3 플레인 아이싱(레시피 **15**)을 준비하는데, 마지막 과정에 핑크색 식용색소를 넣어 섞는다.

➤

4	짤주머니를 이용하여 잘라놓은 도넛 모양의 슈 4개에 페이스트리 크림을 짜놓고 윗부분을 덮는다. 미니슈 밑면의 구멍에도 크림을 짜 넣는다. 납작한 스패츌러(또는 날카롭지 않은 칼)를 이용하여 미니슈 윗부분과 도넛 모양의 슈 윗부분에 아이싱을 바른다.
5	샹티이 크림(레시피 14)을 준비하는데, 시작할 때 미리 핑크색 식용색소를 넣어서 섞는다.
6	크림을 바른 도넛 모양의 슈를 접시에 담고, 가운데 빈 부분에 샹티이 크림을 높게 짜 넣는다. 도넛 모양의 슈 위에 미니슈를 얹고 가운데에 샹티이 크림을 짜서 장식한다.

7 바로 먹는 것이 좋다. 아니면 서늘한 곳에 보관하는데, 1시간 안에 먹는 것이 좋다.	**간단한 아이싱 방법** ◆ 플레인 아이싱에 레몬즙을 조금 더 넣어서 아이싱을 더 묽게 만든 다음, 슈의 윗부분만 아이싱에 담갔다가 건진다.
장미향 ◆ 더 강한 장미향을 원한다면 샹티이 크림을 휘핑하기 전에 로즈워터 ¼작은술을 넣는다.	

퍼프 페이스트리

Puff Pastry _ 900g 기준 • 준비 30분 • 냉장 1시간+1시간

재료 준비
박력분 420g
버터 320g
냉수 145㎖
백설탕 18g

소금 12g

밑준비
작업대 위에 준비한 밀가루를 체로 쳐놓고, 차가운 버터를 깍둑썰기하여 그 위에 뿌린다.

1 버터가 작은 덩어리가 될 때까지 손으로 으깨면서 밀가루와 함께 살살 비벼 섞은 다음, 한가운데를 파고 물을 붓는다.	**2** 가운데 파놓은 부분에 설탕과 소금을 넣고 손끝을 이용해 물에 녹여서 함께 섞는다.	**3** 반죽이 덩어리 모양으로 뭉쳐지기 시작하면 주변의 가루들을 가운데로 모아 섞으면서 반죽한다.
4 제대로 반죽 모양이 나오기 시작하면 손바닥으로 반죽을 살짝살짝 누른다.	**5** 반죽을 살짝 눌러 한 덩어리로 뭉쳐서 공모양으로 만든다.	**6** 벽돌모양으로 만들어 랩으로 싼 다음 1시간 동안 냉장고에 넣어둔다. ➤

7 냉장고에서 반죽을 꺼내 덧가루를 뿌린 작업대에 올려놓고 밀대를 준비한다.	**8** 밀대로 반죽을 밀어 약 40cm×25cm 크기의 사각형을 만든다.	**9** 반죽의 폭을 ⅓ 정도 접고, 반대쪽 ⅓도 포개 접는다.
10 길이도 같은 방법으로 ⅓ 접고, 또 ⅓을 접는다.	**11** 손바닥으로 반죽을 살짝 누른다.	**12** 밀대로 밀어서 다시 약 40cm×25cm의 사각형을 만든다.

13	9~12의 과정을 반복한 다음, 작업대에 덧가루를 뿌리고 밀대로 밀어 다시 40cm×25cm 크기의 사각형을 만든다.	**14**	9번과 같이 폭을 ⅓씩 접는다.
15	10번과 같이 길이도 ⅓씩 접는다.	**16**	반죽의 반 분량만 필요하면 반죽을 납작하게 두르고 반으로 잘라서 20cm×10cm 크기의 사각형 2개를 만든다. 나머지 반은 냉동보관하며, 사용하기 1시간 전에 냉장실로 옮겨두었다 사용한다.

밀푀유

Mille-Feuille _ 4인분 기준 • 준비 25분 • 베이킹 10분×2 + 1분

재료 준비
페이스트리 크림 350g(레시피 **02**)
샹티이 크림 55g(레시피 **14**)
퍼프 페이스트리 반죽 450g(레시피 **35**)
슈거파우더 10g + 장식용 슈거파우더 조금

밑준비
페이스트리 크림을 너무 단단하지 않게 만들어
서 냉장고에 넣어둔다. 오븐은 220℃로 예열하
고, 철판에 유산지를 깐다.

1	냉장고에서 차가워진 페이스트리 크림을 꺼내 샹티이 크림을 1스푼씩 넣어가며 섞는다.	**2**	랩을 씌워서 다시 냉장고에 넣는다.
3	페이스트리를 철판 크기에 맞춰 2~3㎜ 두께로 민다.	**4**	날카로운 칼로 가장자리를 잘라내고, 작은 사각형이 12개 나오게 자른다. 작은 포크로 찍어서 골고루 구멍을 낸다. ➤

5 12개 중 6개는 냉장고에 넣어두고, 6개 먼저 철판에 올려서 너무 갈색이 되지 않게 오븐에 10분 굽는다. 나머지 6개도 같은 방법으로 굽는다.	**6** 그릴을 예열한다. 구운 페이스트리 중 4개를 골라 부풀지 않은 면이 위로 오게 뒤집어 슈거파우더를 뿌리고, 설탕이 녹아 갈색이 나도록 뜨거운 그릴에 1분 굽는다.
7 나머지 페이스트리에는 페이스트리 크림을 바른다.	**8** 구워서 페이스트리 크림을 바른 페이스트리를 차례로 쌓고, 슈거파우더를 뿌려 그릴에 구운 페이스트리 하나를 맨 위에 얹는다.

9 맨 위에 슈거파우더를 뿌리고 크림이 페이스트리에
흡수되기 전에 빨리 먹는다.

페이스트리 크림 농도

◈

가벼운 크림을 원하면 페이스트리 크림에 샹티이 크림을 더 많이
넣는다.

케이크 만들기

◈

반죽을 작은 사각형으로 자르기 전에 끝부분만 트리밍하여
크게 사각 케이크처럼 만들 수도 있다.

갈레트 데 루아

Galette des Rois _ 6~8인분 기준 • 준비 30분 • 베이킹 35분 • 휴지 30분

재료 준비
프랜지페인
페이스트리 크림 350g(레시피 02)
아몬드크림 300g(레시피 04)

퍼프 페이스트리 반죽 450g(레시피 35)
반죽에 바를 달걀물 달걀 1개 분량

밑준비
오븐을 240℃로 예열한다. 페이스트리 크림을
너무 단단하지 않게 만들어서 125g만 덜어내고
나머지는 냉장보관한다.

※ 갈레트 데 루아 : '왕의 과자'라는 뜻으로, 프랑스에서 가톨릭 축일인 1월 6일 주현절에 만들어 먹던 둥글납작한 빵과자

1 페이스트리 크림에 아몬드크림을 1스푼씩 섞어가며 프랜지페인을 만든 다음 랩을 씌워서 냉장고에 넣는다.	**2** 냉장고에서 페이스트리 반죽을 꺼낸다. 반죽을 2등분하여 밀대로 밀어 25㎝×25㎝ 크기의 사각형을 만든다.
3 작업대에 사각형 반죽 1장을 놓고 지름 24㎝의 바닥이 뚫려 있는 케이크 틀로 반죽을 찍어낸다.	**4** 유산지를 깐 철판 위에 원형으로 찍어낸 반죽을 올리고 반죽 가장자리를 따라 1㎝ 폭으로 달걀물을 바른다. 나머지 반죽도 같은 방법으로 준비한다.

5 철판 위 반죽에 가장자리를 넉넉하게 3㎝ 정도 남기고 아몬드크림을 올린다.	**6** 또 하나의 반죽으로 철판 위 반죽을 덮고 가장자리를 잘 눌러서 맞붙인다.
7 반죽 표면에 달걀물을 바르고, 칼을 이용하여 안에서 밖으로 둥글게 아치모양을 그린다.	**8** 반죽 가장자리에 돌아가며 칼집을 내고, 공기가 빠지게 표면에 조그만 구멍들(가운데에는 조금 더 큰 구멍 1개)을 내서 30분 동안 냉장고에 넣어둔다.

9

뜨겁게 예열해놓은 오븐에 반죽을 넣는다.
약 15분이 지나 잘 부풀었으면 온도를 200℃로 줄여서
20분 정도 더 굽는다.
따뜻할 때 먹거나 실온 정도로 식었을 때 먹는다.

반조리 밑준비
◆

달걀물을 바르기 전이나, 칼로 모양을 만들기 전 단계에서
반죽을 그릇에 담아 지퍼백에 잘 밀봉한 상태로 냉동실에 넣어
12시간 정도 얼린다. 사용할 때는 냉동실에서 꺼내 언 상태
그대로 달걀물을 바르고, 칼로 모양을 만들어 오븐에 굽는다.
이 경우에는 굽는 시간을 10분 정도 늘린다.

티라미수

Tiramisu _ 6~8인분 기준 · 준비 25분 · 굳히기 6시간

재료 준비
금방 내린 진한 커피 250㎖
백설탕 60g
달걀 5개
마스카르포네 치즈 500g

레이디핑거 비스킷 300g(약 35개)
코코아파우더 2큰술

밑준비
볼에 뜨거운 커피를 붓고, 설탕 10g을 넣어 섞은 다음 식힌다.

※ 레이디핑거 비스킷 : 티라미수를 만들 때 주로 사용하는 긴 손가락모양의 가볍고 바삭한 과자

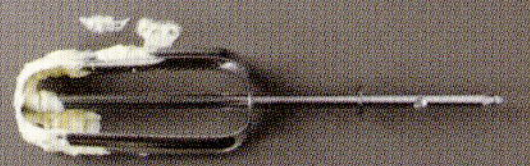

1 2
3 4

1	달걀을 흰자와 노른자로 분리한다. 노른자에 커피에 넣고 남은 설탕을 넣은 다음 하얀색이 되고 조금 단단해질 때까지 거품기로 섞는다.	**2**	마스카르포네 치즈를 넣고 핸드믹서로 가볍고 풍성해질 때까지 섞는다.
3	흰자는 핸드믹서를 이용해 너무 단단하지 않고 거품이 거품기 끝에 뾰족하게 살아 있는 탄력 있는 머랭을 만든다.	**4**	흰자 머랭을 노른자와 마스카르포네 치즈를 섞어 만든 크림에 두 번에 나누어 넣고 스패츌러로 저어 섞는다.

5
6

비스킷이 커피를 너무 많이 흡수해 뭉개지지 않도록
커피에 하나씩 재빨리 담갔다 건져서 큰 사각그릇이나
틀에 바닥이 덮이게 한 층을 깐다.

5

비스킷 위에 크림을 얇게 골고루 덮고,
같은 방법으로 비스킷과 크림을 두 층 더 올린다.
랩을 씌워서 적어도 6시간 정도 냉장고에 넣어둔다.

6

7

먹기 바로 전에 냉장고에서 꺼내 티라미수 위에
코코아파우더를 작은 체에 쳐서 뿌린다.

레이디핑거 비스킷

◆

레이디핑거 비스킷을 커피에 오래 담그면 흐물흐물해지므로
주의한다. 프랑스에서는 레이디핑거 대신 비슷한 모양의
부드와(boudoir)라는 비스킷을 사용하기도 하는데, 이것은
커피에 조금 더 오래 담가야 부드러워진다. 국내에서는
레이디핑거 대신 카스텔라를 사용하거나, 사블레나 다이제스티브
같은 비스킷을 믹서에 갈아서 가루로 만들어 사용하기도 한다.

마스카르포네 치즈케이크

Mascarone Cheesecake _ 10~12인분 기준 • 준비 20분 • 베이킹 1시간 15분 • 냉장 5~10분 + 최소 3시간

재료 준비

베이스

플레인 비스킷(다이제스티브 등) 125g

버터 75g

백설탕 40g

토핑

크림치즈 390g

백설탕 220g

마스카르포네 치즈 195g

달걀 3개 / 바닐라 엑스트랙트 10g

밑준비

오븐 망을 중간 단에 넣고 오븐을 150℃로 예열한다. 아랫단에는 오목한 접시나 깊은 그릇을 넣어둔다.

※ 플레인 비스킷 : 단맛이 없는 담백한 맛의 비스킷

1 푸드프로세서에 날을 끼우고 비스킷을 넣어서 30~60초 동안 곱게 간다.	**2** 작은 팬에 버터를 녹이고 불을 끈다.	**3** 볼에 미리 갈아놓은 비스킷과 설탕을 넣고 섞는다.
4 비스킷 가루에 녹인 버터를 넣고 포크로 고루 섞는다.	**5** 바닥이 분리되는 지름 20㎝의 케이크 틀에 비스킷 가루 반죽을 골고루 채워 넣는다.	**6** 숟가락으로 눌러서 단단하게 다진 다음 냉장고에 넣어 5~10분 정도 둔다.

7 8
9 10

7	푸드프로세서에 날을 끼우고 크림치즈와 설탕을 넣어 부드러운 크림 상태가 될 때까지 1분 정도 돌린다.	**8**	푸드프로세서에 마스카르포네 치즈를 넣고 10~20초 더 돌린다. 뚜껑을 열고 스패츌러로 옆면에 붙은 반죽을 긁어모은다.
9	달걀을 한 번에 1개씩 넣으면서 잘 섞는다. 옆면에 붙은 반죽을 다시 긁어모으고 바닐라 엑스트랙트를 넣어 가볍게 섞는다.	**10**	냉장고에 넣어둔 케이크 틀을 꺼내서 비스킷 베이스 위에 9의 크림을 붓는다.

11 오븐 아랫단에 미리 넣어둔 그릇에 아주 뜨거운 물을
채워 넣는다. 10의 치즈케이크를 윗단에 넣고
1시간 15분, 또는 치즈케이크 가운데의 윗면이
찰랑거리는 느낌이 없을 때까지 굽는다.

식히기

◆

오븐에서 치즈케이크를 꺼내 식힘망에 올려 식힌다. 식으면 랩을
씌워서 냉장고에 적어도 3시간 이상, 먹기 직전까지 넣어둔다.
굽고 12시간 정도 지났을 때가 가장 맛있는 상태다.

코르시카 치즈케이크

Corsican Cheesecake _ 6~8인분 기준 • 준비 20분 • 베이킹 45분

재료 준비
레몬 껍질 간 것 1개 분량
달걀 5개
백설탕 140g
틀에 바를 올리브오일 적당량

브랜디 6g
소금 1꼬집
리코타 치즈(또는 코르시카산 염소 치즈) 500g

밑준비
지름 25㎝ 케이크 틀에 오일을 바르고, 오븐은 180℃로 예열한다. 레몬은 겉껍질의 왁스를 제거하고 강판에 간다. 코르시카산 염소 치즈를 사용할 경우 체에 올려 1시간 정도 물기를 뺀다.

1 달걀을 흰자와 노른자로 분리한다.	**2** 노른자에 설탕을 넣고 거품기나 핸드믹서로 연한 크림색이 될 때까지 젓는다.	**3** 리코타 치즈를 두 번에 나누어 넣으면서 거품기로 잘 섞는다. 레몬 껍질 간 것과 브랜디를 차례로 넣는다.
4 흰자에 소금을 넣고 핸드믹서를 이용해 거품이 풍성하고 단단한 머랭을 만든다.	**5** 리코타 치즈와 노른자를 섞은 반죽에 흰자 머랭을 넣는다.	**6** 스패츌러로 가볍게 섞는데, 너무 많이 섞지 않도록 주의한다. ➤

7

준비한 틀에 반죽을 붓고 스패츌러로 표면을 매끄럽게
정리한다.

머랭 섞기

가벼운 느낌이 나거나 부풀어 오르는 케이크가 아니므로,
머랭을 반죽에 넣어 섞을 때 거품을 꺼트리지 않으려고
너무 신경 쓰지 않아도 된다.

<table>
<tr><td>

8

틀을 오븐에 넣어 45분 동안 굽고 꺼내서 식힘망에 올려
식힌다. 랩을 씌워서 먹기 전까지 냉장보관한다.

</td><td>

코르시카 치즈케이크

◈

코르시카 피아도네에서 유래.
코르시카 치즈케이크란 이름처럼 원래는 코르시카산 염소 치즈를
사용하여 만들지만, 국내에서는 구할 수 없으므로 대신
리코타 치즈를 사용한다. 마찬가지로 코르시카 섬의 전통주인
미르토(Mirto) 대신 브랜디를 사용한다.

</td></tr>
</table>

담기

◈

이 치즈케이크는 차가운 상태로 담아내야 한다.
레드베리 콩포트나 신선한 쿨리를 곁들여 내면 좋다.

※ 코르시카 피아도네(Corcica Fiadone) : 브로시우(Brocciu) 치즈로 만드는 레몬향의 코르시카 스타일 치즈케이크.

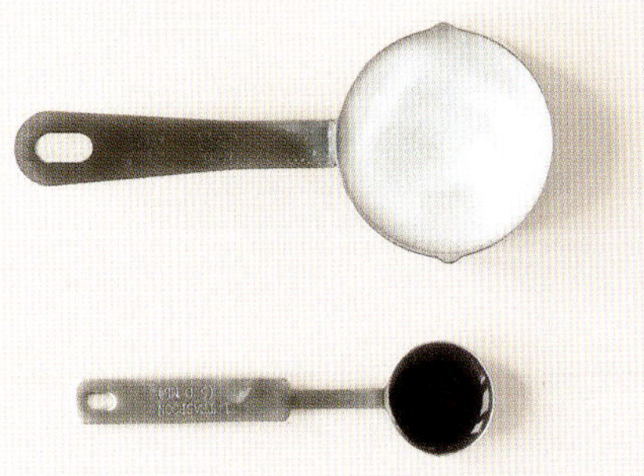

스위스 롤

Swiss Roll _ 8인분 기준 • 준비 40분 • 베이킹 7분

재료 준비
스펀지케이크(롤케이크 시트)
버터 35g / 박력분 75g
달걀노른자 4개 / 달걀흰자 3개
백설탕 75g / 달걀흰자 거품용 설탕 1작은술 가득

바닐라 시럽
백설탕 50g
물 70㎖
바닐라 엑스트랙트 1작은술
딸기잼 250g

밑준비
오븐을 240℃로 예열한다. 유산지를 40cm×
30cm 크기로 잘라 철판에 깐다.

1 스펀지케이크부터 만드는데, 먼저 작은 팬에 버터를 녹인다.	**2** 녹인 버터를 브러시에 조금 묻혀서 유산지 위에 고루 바른다.	**3** 달걀노른자에 설탕 75g을 넣고, 핸드믹서를 중간 속도로 5분 정도 돌려 섞는다.
4 밀가루를 넣고 스패츌러로 부드럽게 섞는다. 너무 많이 섞지 않도록 주의한다.	**5** 거품기로 달걀흰자의 거품을 내다가 모양이 잡히기 시작하면 설탕을 1작은술 가득 넣는다.	**6** 노른자와 밀가루를 섞은 반죽에 흰자 거품과 녹인 버터를 넣는다. ➤

7	반죽을 부드럽게 섞고, 유산지를 깐 철판에 반죽의 기포들이 터지지 않게 조심해서 붓는다.	**8**	팔레트나이프로 반죽을 철판 전체에 고루 편다.
9	오븐에 넣고 살짝 구운 색이 돌 때까지 7분 정도 굽는다.	**10**	오븐에서 스펀지케이크를 꺼내 오일을 조금 발라놓은 작업대에 바로 뒤집어놓는다.

11 유산지를 떼어내고 깨끗한 티타월(또는 면보자기나 마른행주)을 덮어서 식힌다. 그래야 수분이 마르지 않아 스펀지케이크를 말 때 갈라지지 않는다.

스펀지케이크 두께

◈

스펀지케이크 반죽을 두께 4~6㎜가 되도록 고르게 편다.
두께가 일정하지 않으면 굽는 동안 얇은 부분이 말라버린다.

반죽 붓기

◈

반죽을 유산지를 깐 철판에 부을 때 팔레트 나이프로 반죽을
조심스럽게 밀어서 펴야 반죽의 기포가 꺼지지 않아 가볍고
폭신폭신한 스펀지케이크가 된다.

➤

12 작은 팬에 물을 붓고 설탕을 넣어 약한 불에 올린다.	**13** 거품기로 저어가며 설탕을 녹이고, 끓으면 바로 불을 끈다.	**14** 설탕 시럽을 식힌 다음 바닐라 엑스트랙트를 넣어 잘 섞는다.
15 페이스트리 브러시로 스펀지케이크에 시럽을 골고루 바른다.	**16** 딸기잼을 2큰술 가득 고루 펴 바르고 롤을 단단하게 만다.	**17** 나머지 잼은 작은 팬에 물 1큰술과 함께 넣고 덩어리를 조금 풀어준다.

<table>
<tr><td>18</td><td>페이스트리 브러시로 롤 전체에 잼을 얇게 바른다.</td><td>보관 방법
◆
스위스 롤은 4일 정도 냉장보관이 가능하다.</td></tr>
<tr><td colspan="2">스펀지케이크 준비
◆
스펀지케이크를 미리 만들어 두는 경우, 스펀지케이크를 오븐에서
꺼내자마자 유산지째 돌돌 말아서 랩으로 싼다.</td><td>스펀지케이크 길이
◆
반죽을 틀의 ½~⅔ 정도만 펴서 구우면 통나무 롤케이크처럼
길이가 짧은 롤을 만들 수 있다.</td></tr>
</table>

부쉬 드 노엘(통나무 롤케이크)

Bûche de Noel _ 10인분 기준 • 준비 20분 • 조리 5분 • 냉장 1시간

재료 준비

스펀지케이크 약 20㎝ 길이 1개(레시피 41)
커피맛 버터 크림 300g(레시피 03)

커피 시럽
백설탕 50g
물 70㎖
커피 엑스트랙트 1g

1 설탕을 물에 넣어 약한 불에 녹인다. 끓으면 불을 끄고 식힌 다음 커피 엑스트랙트를 넣어 섞는다.	**2** 브러시와 팔레트 나이프로 준비한 스펀지케이크에 식힌 설탕 시럽을 바르고, 커피맛 버터크림은 준비한 분량의 ¾ 정도만 바른다.
3 폭이 좁은 쪽에서 시작하여 스펀지케이크를 최대한 빈틈이 없이 단단하게 만다.	**4** 팔레트 나이프로 나머지 크림을 스펀지케이크를 말아놓은 롤 전체에 바른다. 먹기 전에 1시간 정도 냉장고에 넣어둔다.

파피시드 케이크

Poppyseed Cake _ 12인분 기준 • 준비 35분 • 베이킹 35분

재료 준비

건포도 30g / 건포도를 불릴 럼주 적당량
버터 50g + 틀에 바를 버터 조금
스위트 쇼트크러스트 페이스트리 400g
(레시피 66)

파피시드(양귀비 씨앗) 400g
백설탕 200g
꿀 50g
아몬드가루 20g
바닐라 설탕 10g

레몬 껍질 간 것 1개 분량
달걀흰자 2개 + 반죽에 바를 달걀 1개

밑준비
오븐을 180℃로 예열한다.

1 건포도를 럼주에 담가 불린다. 길이 23㎝ 사각 케이크 틀이나 같은 크기의 오븐 용기를 준비해 버터를 고루 바른다.	**2** 페이스트리를 케이크 틀 크기에 맞춰 얇게 밀어서 2장을 만든다.
3 먼저 얇게 민 페이스트리 1장을 케이크 틀 안에 깐다.	**4** 작은 팬에 버터를 넣고 가열하여 녹인 다음 불을 끄고 한쪽으로 치워둔다.

5	커피밀에 파피시드를 넣고 갈아서 큰 볼에 담는다.	**6**	갈아놓은 파피시드에 백설탕을 넣어서 잘 섞는다.	**7**	녹인 버터를 넣어 섞고, 꿀을 넣어서 다시 섞는다.
8	아몬드가루와 바닐라 설탕을 넣고 섞는다.	**9**	마지막으로 레몬 껍질 간 것과 럼주에 불린 건포도를 넣는다.	**10**	달걀흰자를 핸드믹서로 세게 저어서 거품이 단단한 머랭을 만든다.

11 12
13 14

11	거품이 단단한 흰자 머랭을 파피시드 반죽에 넣고 머랭 거품이 꺼지지 않도록 스패츌러로 가볍게 섞는다.	**12**	페이스트리 1장을 깔아놓은 케이크 틀에 파피시드 반죽을 채워 넣는다.
13	두 번째 페이스트리를 위에 덮고 달걀을 풀어서 달걀물을 칠한다.	**14**	오븐에 넣어 35분 정도 굽는다. 네모난 모양으로 잘라서 담아낸다.

초콜릿 샤를로트

Chocolat Charlotte _ 6~8인분 기준 • 준비 15분 • 휴지 3시간

재료 준비

초콜릿 무스 600g(레시피 06)

틀에 바를 버터 조금

물 50㎖

설탕 시럽 50㎖

레이디핑거 비스킷 25개

밑준비

초콜릿 무스를 준비해 냉장고에 넣어둔다.

1 지름 15㎝의 샤를로트 틀에 버터를 바른다. 유산지도 틀 크기에 맞추어 동그랗게 자른 다음 버터를 골고루 발라서 버터를 바른 면이 위로 오게 틀 안에 놓는다.	**2** 작은 접시에 물과 설탕 시럽을 섞는다.
3 비스킷은 위에 덮을 10개를 빼고, 나머지 비스킷 15개를 하나씩 설탕물에 담갔다 뺀다.	**4** 틀 안에 설탕물에 담갔다 뺀 비스킷을 볼록한 부분이 틀과 만나게 세운다.

➤

5 틀 가장자리를 따라 비스킷 15개를 모두 세워서 채워 넣고 가운데는 비워둔다.	**6** 틀 가운데의 빈 부분에는 초콜릿 무스를 채워 넣는다.
7 남겨둔 비스킷 10개를 설탕물에 재빨리 담갔다 건져서 초콜릿 무스의 윗부분을 덮듯이 채운다.	**8** 틀 크기에 맞는 접시 2장을 준비해서 1장을 샤를로트 틀 위에 놓는다. 접시째 랩으로 싸서 냉장고에 3시간 정도 넣어둔다.

| 9 | 랩을 벗기고 위에 덮은 접시를 치운다.
샤를로트 틀의 바닥 부분을 뜨거운 물에 담갔다 뺀 다음,
준비해둔 다른 접시 1장을 위에 뒤집어 덮고
샤를로트 틀과 함께 재빨리 뒤집어 틀에서 빼낸다.
조심스럽게 유산지를 떼어내고 바로 먹는다. | **초콜릿칩 장식**
◆
테이블에 낼 때 바닐라 커스터드(레시피 01)를 곁들여 낸다.
또, 원한다면 초콜릿을 가늘고 얇게 밀어서 위를 덮어 장식한다. |

※ 바슈랭 : 머랭에 아이스크림이나 과일을 채운 프랑스 전통 케이크

바슈랭

Vacherin _ 6인분 기준 • 준비 55분 • 베이킹 1시간 30분 • 냉동 2시간 + 15~30분

재료 준비
바닐라 아이스크림 500㎖
딸기 아이스크림 500㎖
샹티이 크림 225g(레시피 14)
장식용 신선한 과일

곁들임용 베리 콩포트 250g(레시피 13)

프렌치 머랭(레시피 46)
달걀흰자 3개
백설탕·슈거파우더 100g씩(달걀흰자와 같은 양)

밑준비
오븐을 90℃ 또는 가장 낮은 온도로 예열한다.
철판에 유산지를 깐다.

1	큰 볼에 달걀흰자를 넣고 핸드믹서로 거품을 내 머랭을 만든다. 거품이 풍성해지고 모양이 잡히기 시작하면 설탕을 넣는다.	2	달걀흰자의 거품이 단단해질 때까지 계속 휘핑한다. 슈거파우더를 체로 쳐 넣고 스패츌러로 가볍게 섞는다.
3	머랭을 짤주머니에 넣어 유산지를 깐 철판 위에 지름 12㎝의 원을 2개 그린 다음(작은 팬 크기에 맞추면 좋다), 머랭을 원 안쪽까지 가득 채운다. 머랭을 짜서 막대모양 4개도 만든다.	4	원모양과 막대모양의 머랭을 90℃로 예열한 오븐에 1시간 30분 굽고, 다 구워지기 10~20분 전쯤에 아이스크림을 꺼내놓는다.

5	원모양의 머랭과 비슷한 크기의 작은 팬에 랩을 빈틈없이 여러 장 겹쳐서 깐다.	**6**	아이스크림 2종류를 각기 다른 볼에 담고 숟가락으로 저어 부드럽게 만든다.
7	머랭이 완전히 식으면 랩을 깔아놓은 팬 바닥에 구운 원모양의 머랭 하나를 놓는다.	**8**	부드러워진 아이스크림 2종류를 머랭을 넣은 팬에 번갈아 떠 넣어 윗부분까지 가득 채운다.

9

남은 1개의 머랭으로 아이스크림 위를 덮고,
냉동실에 넣어 2시간 정도 얼린다.

머랭 크기

◆

둥근 원모양의 머랭은 팬 안에 쏙 들어갈 수 있도록 팬보다 조금
작게 만든다. 단, 팬보다 너무 작아지지 않도록 주의한다.
팬을 바슈랭의 틀로 사용하므로 머랭과 크기가 꼭 맞아야 좋다.

➤

10	먹기 1시간 전쯤 막대모양의 머랭을 바슈랭의 높이에 맞추어 자르고, 샹티이 크림을 준비한다(레시피 14).	**11**	냉동실에서 머랭과 아이스크림이 담긴 팬을 꺼낸다. 랩째 들어 올려 팬에서 바슈랭을 꺼낸 다음 랩을 벗긴다.
12	바슈랭을 접시에 옮겨 담고, 가장자리에 샹티이 크림을 두텁게 바른 다음 스패츌러을 이용해 표면을 매끄럽게 다듬는다.	**13**	잘라둔 막대 머랭을 가장자리에 빙 둘러가며 붙인다. 막대 머랭이 샹티이 크림에 잘 붙도록 다시 냉동실에 15~30분 정도 넣어둔다.

14 남은 샹티이 크림을 냉장고에 넣는다.
담아낼 준비가 되면 샹티이 크림을 바슈랭 위에 바르고,
짤주머니로 짜서 모양을 만든다.
생과일로 장식하여 베리 콩포트와 함께 내간다.

다양한 맛

◆

바닐라와 딸기 아이스크림 대신 캐러멜과 초코 아이스크림을
사용해도 된다. 바슈랭을 솔티 버터 캐러멜 소스(레시피 10)와
함께 먹어도 좋다.

4

4

PETIT DESSERT

프티 디저트

오븐을 90℃ 또는 가장 낮은 온도로 예열하고,
철판에 유산지를 깐다.

프렌치 머랭

French Meringue _ 머랭 250g 기준 • 준비 10분 • 베이킹 1시간 30분~2시간

재료 준비
달걀흰자 3개
백설탕 약 100g(달걀흰자와 같은 양)
슈거파우더 약 100g(달걀흰자와 같은 양)

밑준비
오븐을 90℃ 또는 가장 낮은 온도로 예열하고,
철판에 유산지를 깐다.

| 1 | 큰 볼에 달걀흰자를 넣고 핸드믹서로 거품을 낸다. 거품이 풍성해지고 모양이 잡히기 시작하면 설탕을 넣는다. | 2 | 거품이 단단해질 때까지 계속 휘핑한다. 슈거파우더를 고운체로 쳐서 넣고 스패츌러로 섞는다. |
| 3 | 유산지를 깐 철판에 머랭을 1스푼 가득 떠서 간격을 띄우고 놓는다. 오븐에 넣고 1시간 30분~2시간 굽는다. | 4 | 머랭이 다 구워지면 일단 오븐을 끄고, 오븐 안에 그대로 두어 식힌다. 구운 머랭은 유산지에서 쉽게 떨어진다. |

블루베리 머핀

Blueberry Muffin _ 머핀 6개 기준 · 준비 15분 · 베이킹 25분

재료 준비

버터 30g
달걀 1개
백설탕 80g
크렘 프레시 또는 사워크림 150㎖

중력분 120g
소금 2g
베이킹파우더 6g
냉동 블루베리 70g

밑준비

오븐을 180℃로 예열하고, 6구짜리 머핀 틀이
나 낱개 머핀 틀 6개를 준비해서 틀 안쪽에 버터
를 고루 바른다.

1
2

1 팬에 버터를 넣고 가열하여 녹으면 불을 끈다.
볼에 달걀과 설탕을 넣고 연한 크림색의
부드러운 거품이 될 때까지 거품기로 계속 휘핑한다.
여기에 녹인 버터를 넣고 거품기로 섞은 다음
크렘 프레시 또는 사워크림을 두 번에 나누어 넣는다.

2 볼에 밀가루, 소금, 베이킹파우더를 넣고 섞은 다음,
냉동실에서 블루베리를 꺼내 섞는다.
가운데에 1의 액체 재료를 부어 재빨리 섞는다.

머핀 틀에 반죽을 ⅔ 정도 채우는데, 블루베리가
녹지 않도록 빨리 한다. 반죽이 틀 안에 고르게
자리 잡도록 틀을 작업대 바닥에 몇 번 탁탁 쳐주고,
오븐에 넣어 25분 정도 굽는다.
틀이 작으면 15분 정도 굽는다.

3

머핀 반죽

◆

반죽을 너무 오래 저으면 머핀이 단단해지므로 주의한다.
반죽이 봉긋하게 부풀어 오르게 틀에 반죽을 너무 많이
채우지 않는다.

다 구워지면 오븐에서 꺼내 틀과 머핀 사이에 칼을
끼워 넣고 한 바퀴 돌린 다음 그대로 10분 정도 식힌다.
틀에서 빼서 식힘망에 올린다.

4

먹는 방법

◆

아메리칸 브렉퍼스트처럼 머핀에 버터 한 조각을 곁들여 커피나
차와 같이 먹으면 좋다.

초콜릿 머핀

Chocolate Muffin _ 블루베리 머핀 변형

중력분 90g, 코코아파우더 20g, 베이킹파우더 2g을 계량하여
모두 함께 체에 친다.
다른 볼에 백설탕 80g과 달걀 2개를 넣고 섞은 다음,

따뜻하게 녹인 버터 90g과 우유 75㎖를 차례로 붓는다.
이것을 가루 재료에 모두 넣어 가볍게 섞고,
마지막으로 다진 초콜릿 50g을 넣는다.

바나나 머핀

Banana Muffin _ 블루베리 머핀 변형

중력분 135g과 베이킹소다, 베이킹파우더, 계피가루 각 2g,
소금 1꼬집을 모두 섞는다.
다른 볼에 백설탕 155g과 달걀 1개를 넣어 섞고,

따뜻하게 녹인 버터 40g과 작은 크기의 바나나 2개를
으깨어 넣은 다음 우유 30㎖를 붓는다.
이것을 가루 재료에 모두 넣고 가볍게 섞는다.

올브랜 건포도 머핀

Allbran Rasin Muffin _ 블루베리 머핀 변형

우유 230㎖에 올브랜 70g을 넣어 불린다.
큰 볼에 황설탕 100g과 달걀 1개, 해바라기유 50㎖,
바닐라 엑스트랙트 4g을 차례로 넣고 올브랜과 우유를 더한다.

다른 볼에 중력분 120g, 베이킹소다 4g, 소금 2g을 계량하여
함께 담고 액체 재료를 모두 부어 가볍게 섞는다.
마지막으로 건포도 75g을 넣는다.

오트밀 사과 머핀

Oatmeal Apple Muffin _ 블루베리 머핀 변형

우유 175㎖에 오트밀 80g을 불린다.
여기에 황설탕 50g과 달걀 1개, 녹인 버터 50g,
바닐라 엑스트랙트 4g을 넣고 잘 섞는다.

다른 볼에 중력분 110g과 베이킹파우더 4g, 시나몬파우더와
소금 각 2g을 넣고 액체 재료와 함께 가볍게 섞는다.
마지막으로 다진 사과 60g을 넣는다.

마들렌

Madeleine _ 18개 기준 • 준비 20분 • 베이킹 10분 • 휴지 최소 2시간

재료 준비

달걀 2개
달걀노른자 1개
버터 75g + 틀에 바를 버터 조금
바닐라빈 ½개

백설탕 70g
박력분 60g
베이킹파우더 2g
소금 2g

밑준비

작은 볼에 준비한 달걀과 달걀 노른자를 함께 풀
어둔다.

1 작은 팬에 버터를 녹여 약한 불에서 따뜻하게 유지한다.	**2** 밑준비에서 풀어둔 달걀물에 설탕을 넣고, 바닐라빈을 길이로 반 갈라서 씨를 긁어 넣는다.	**3** 밀가루에 베이킹파우더, 소금을 섞는다.
4 달걀물에 3의 밀가루를 넣고 덩어리가 지지 않도록 스패츌러로 잘 섞는다.	**5** 스패츌러로 밀가루 반죽을 계속 저으면서 따뜻하게 녹인 버터를 넣는다.	**6** 랩을 반죽에 밀착시켜 덮고 서늘한 곳에 최소 2시간~최대 12시간 정도 둔다. ➤

7 오븐을 210℃로 예열한다. 8구짜리 마들렌 틀에 버터를
고루 바르고, 밀가루를 뿌렸다가 뒤집어서 털어낸다.
숟가락으로 반죽을 떠서 틀의 윗부분까지 채운다.

오븐 온도
◆
반죽이 마르기 전에 마들렌이 부풀어 오르려면 오븐의 온도가 매우
높아야 한다.

반죽 & 틀
◆
반죽을 서늘한 곳에 두어 휴지시킬 때 랩을 반죽 표면에
밀착되도록 씌우는 것이 좋다. 또, 논스틱 틀을 사용하는 경우에는
버터를 바르고 밀가루를 뿌리는 과정을 생략해도 된다.

8	오븐에 넣어 10분 정도 굽는다.

굽기

◈

오븐에 넣고 2~3분 정도 지나 마들렌 가장자리가 조금 부풀어 오르면 오븐 온도를 170℃로 줄이고 8분 정도, 또는 마들렌이 황금빛 갈색이 될 때까지 굽는다.

식히기

◈

오븐에서 꺼내면 마들렌을 틀에서 한 번 꺼냈다가 다시 넣어 식힌다. 완전히 식으면 먹는다.

초콜릿 마카롱

Chocolate Macaron _ 10개 기준 • 준비 25분 • 베이킹 11분 • 휴지 최소 20분

재료 준비

초콜릿 가나슈 100g(레시피 07)

마카롱 코크 반죽
아몬드가루 45g

슈거파우더 80g
코코아파우더 10g
달걀흰자 1개
백설탕 10g
빨간색 식용색소 2방울

밑준비
철판에 유산지를 깐다.

1	푸드프로세서에 아몬드가루, 슈거파우더, 코코아파우더를 넣어서 더 곱게 간다. 재료들이 서로 뭉치지 않도록 중간 중간 푸드프로세서를 멈추고 스패츌러로 섞는다.
2	푸드프로세서로 곱게 갈아서 섞은 가루들을 고운체에 내린다.
3	달걀흰자는 핸드믹서로 거품을 낸다. 흰자 거품이 풍성해지고 모양이 잡히기 시작하면 설탕을 넣고 거품이 단단해질 때까지 계속 휘핑한다.
4	식용색소를 1방울씩 떨어뜨려서 색이 고르게 섞이도록 스패츌러로 잘 섞는다.

5	머랭에 체에 내린 가루 재료들을 조금씩 넣으면서 스패츌러로 계속 섞는다.	6	반죽이 골고루 잘 섞일 때까지 매우 조심스럽게 섞는다.
7	원형 깍지를 끼운 짤주머니에 반죽을 넣고, 유산지를 깐 철판에 일정한 간격으로 작은 크기의 마카롱이 되도록 짠 다음 철판을 작업대에 탁탁 내려친다. 오븐은 160℃로 예열한다.	8	마카롱 코크 반죽 표면이 살짝 마를 때까지 실내에서 가장 따뜻한 곳에 두는데, 공기가 습할 경우 몇 시간씩 걸릴 수도 있다. 하나를 살짝 눌러서 반죽이 묻어나는지 확인한다.

9 오븐에 넣고 작은 마카롱 코크는 11분,
중간 크기의 마카롱 코크는 15분 정도 굽는다.

식 히 기
◆
구운 마카롱 코크를 유산지에서 떼어내기 전에 완전히 식힌다.

필 링
◆
바닥이 될 마카롱 코크를 뒤집어서 가운데에 초콜릿 가나슈를
올리고, 또 하나의 마카롱 코크로 덮어서 가나슈가 옆으로 조금
나올 정도로 살짝 누른다.

라즈베리 마카롱

Raspberry Macaron _ 초콜릿 마카롱 변형

레시피 **53**의 방법으로 마카롱 코크를 준비하는데, 달걀흰자에 코코아파우더 대신 빨간색 식용색소 6방울을 넣는다.

마카롱 코크 사이에는 초콜릿 가나슈 대신 라즈베리 잼 100g을 준비해서 넣는다.

캐러멜 마카롱

Caramel Macaron _ 초콜릿 마카롱 변형

레시피 53의 방법으로 마카롱 코크를 준비하는데, 달걀흰자에
코코아파우더는 2g만 넣고 빨간색 식용색소와 노란색 식용색소를
각 1방울씩 넣는다.

마카롱 코크 사이에는 초콜릿 가나슈 대신 솔티 버터 캐러멜 소스
(레시피 10) 100g을 준비해서 넣는다.

카늘레

Canneler _ 8개 기준 • 준비 20분 • 베이킹 1시간 15분 • 휴지 12시간

재료 준비

우유 250㎖

바닐라빈 1개

황설탕 125g

박력분 50g

달걀 1개

달걀노른자 1개

버터 25g

럼주 10g

밑준비

바닐라빈을 길이로 반을 가르고 가운데의 씨를 칼끝으로 긁어 껍질과 함께 우유에 넣어둔다.

1	작은 팬에 바닐라빈이 든 우유를 부어서 데운다.	**2**	주둥이가 있는 볼에 밀가루와 설탕을 넣어 섞는다.	**3**	밀가루와 설탕을 섞은 가루에 달걀을 넣고 나무주걱으로 섞는다.
4	바닐라빈을 건져내고 밀가루 반죽에 우유를 부어 나무주걱으로 저어 섞는다.	**5**	깍둑썰기한 버터를 넣고 저어서 녹인다.	**6**	밀가루 반죽에 바닐라빈을 다시 넣는다.

7 반죽이 실온 정도로 식으면 럼주를 넣고 섞은 다음, 랩을 씌워서 냉장고에 12시간 이상 넣어둔다.	**8** 굽기 1시간 전에 냉장고에서 반죽을 꺼낸다. 오븐 망을 중간 단에 넣고 오븐을 가장 높은 온도로 예열한다.
9 반죽이 고르게 섞이도록 다시 저은 다음 바닐라빈을 건져낸다.	**10** 철판에 틀을 올리고 반죽을 틀 높이의 ¾ 또는 위에서 1㎝ 가량 남게 채워서 오븐에 넣는다.

11
반죽이 부풀고 색이 나올 때까지 약 10분 정도 굽는다. 카늘레가 보기 좋은 갈색이 되면 온도를 180℃로 내려서 계속 굽는다. 눈에 보이는 부분이 진한 갈색이 되고, 손가락으로 눌렀을 때 단단한 정도로 굽는다(1시간~1시간 10분). 그대로 식힌 다음 틀에서 꺼낸다.

카늘레 틀
◆

틀은 가능하면 금속 재질보다 별모양의 8구짜리 실리콘 틀을 사용하는 것이 좋다. 또는 실리콘 재질의 미니 머핀 틀이나 낱개로 된 틀을 사용해도 된다.

도넛

Doughnut _ 12개 기준 • 준비 30분 • 베이킹 5분

재료 준비
버터 50g
박력분 490g+덧가루 60g / 백설탕 200g
넛맥가루 1작은술(사용 직전에 갈 것) / 소금 8g
베이킹소다 4g / 베이킹파우더 8g

달걀 2개+달걀노른자 1개 / 버터밀크 170㎖

시나몬 슈거
백설탕 150g
시나몬파우더 4g

밑준비
반죽이 거의 다 되어가면 튀김팬에 식용유 1ℓ
를 부어 중간 불에 올려두거나, 튀김기를 190℃
로 예열한다.

1 시나몬파우더와 설탕을 섞어 시나몬 슈거를 만든다.	**2** 작은 팬에 버터를 넣고 가열하여 녹인 다음 그대로 식힌다.
3 큰 볼에 준비한 밀가루 중 150g만 담고 설탕, 넛맥가루, 베이킹파우더, 베이킹소다, 소금을 넣어 거품기로 섞는다.	**4** 다른 볼에 버터밀크와 달걀, 달걀노른자를 넣고 거품기로 저어서 푼 다음, 녹인 버터를 넣고 다시 저어 섞는다.

5 버터밀크와 달걀물을 섞은 액체 재료를 밀가루와 다른 가루 재료들을 섞어놓은 볼에 붓는다.	**6** 나무주걱으로 반죽이 고루 잘 섞일 때까지 젓는다.
7 남은 밀가루를 넣고 날가루가 보이지 않을 정도로 반죽을 고루 섞는다.	**8** 덧가루를 뿌린 작업대 위에 반죽을 올리고, 밀가루를 묻힌 밀대로 1㎝ 두께가 되도록 민다.

9

지름이 9㎝와 3㎝인 둥근 커터를 준비해서 밀가루를
묻히고, 2개의 커터를 이용해 반죽을 도넛모양으로
찍어낸다. 자투리 반죽은 재빨리 한 덩어리로 뭉쳐서
다시 납작하게 만들어 밀대로 밀고, 반죽을 다 쓸 때까지
계속 같은 방법으로 도넛모양을 찍어낸다.

덧가루

◆

도넛 반죽은 매우 차져서 들러붙기 쉽다. 작업대와 밀대, 커터에
밀가루를 고루 바르고 작업을 해야 도넛모양이 예쁘게 나온다.

10 뜨거운 기름에 도넛을 최대한 많이 겹치지 않게 넣는다.	**11** 약 2분 정도 지나서 도넛이 위로 떠오르고 갈색이 돌면 튀김 젓가락이나 뜰채 등으로 뒤집는다.
12 뒤집고 나서 1분 정도 더 튀긴다.	**13** 뒤집은 면까지 갈색이 돌면 뜰채로 건진다.

14 기름에서 꺼낸 도넛은 철망이나 키친타월에 올려놓아 여분의 기름을 빼고, 도넛이 뜨거울 때 시나몬 슈거를 묻힌다. 튀김팬에 다시 반죽을 넣기 전에는 도넛을 튀기기에 적당한 온도인지 반드시 기름 온도를 확인한다.

튀 김 팬

◆

튀김기가 없다면 도넛을 튀기는 동안 온도가 쉽게 떨어지지 않고 일정하게 유지되는 무쇠 팬을 사용하는 것이 가장 좋다.

메이플 시럽 글레이즈

Maple Syrup Glaze _ 12개 기준 • 준비 5분

재료 준비
슈거파우더 50g
메이플 시럽 40㎖

작은 볼에 슈거파우더를 체에 쳐서 담는다.
메이플 시럽을 슈거파우더에 붓는다.
거품기로 빠르게 저어 섞는다.

글 레 이 즈

◆

도넛 윗면에 글레이즈를 뿌리고 작은 스패츌러로 펴 바른 다음
글레이즈가 굳을 때까지 몇 분 정도 기다린다. 튀긴 도넛을 철망에
올려 기름을 빼기 전 접시에 도넛을 놓고 글레이즈를 뿌리거나,
도넛을 글레이즈에 담갔다가 건지는 방법도 있다.
이때는 글레이즈를 묻힌 도넛을 식힘망에 올려 굳을 때까지 둔다.

글 레 이 즈 농 도 & 굳 기

◆

농도가 더 묽은 글레이즈를 만들고 싶다면 메이플 시럽을 10㎖
더 넣는다. 글레이즈가 완전히 굳기 전에 만지면 표면에 손자국이
생길 수 있으므로 주의한다.

초코칩 쿠키

Chocolate Chip Cookie _ 12개 기준 · 준비 25분 · 휴지 10분 · 베이킹 14분

재료 준비
버터 85g
다크 초콜릿(카카오 52% 이상) 90g
황설탕 100g
백설탕 50g

실온에 둔 달걀노른자 1개
바닐라 엑스트랙트 6g
박력분 130g
베이킹소다 2g
소금 2g

밑준비
오븐 망을 중간 단에 넣고 오븐을 170℃로 예열
한다. 작은 팬에 버터를 녹여서 식힌다.

1	초콜릿을 결을 따라 자른 다음 작은 사각형 하나를 다시 초코칩 사이즈로 작게 자른다.	2	큰 볼에 황설탕과 백설탕을 넣고 섞는다.
3	설탕에 녹여서 따뜻한 상태의 버터를 넣고 핸드믹서로 설탕이 녹을 때까지 휘핑한다.	4	달걀과 바닐라 엑스트랙트를 넣고 다시 휘핑한다.

5	밀가루, 베이킹소다, 소금을 섞고 4의 액체 재료를 넣은 다음 핸드믹서를 약하게 돌려 밀가루가 안 보일 정도로만 섞는다.	6	초코칩을 넣고 실리콘 주걱으로 섞는다.
7	반죽에 랩을 씌워서 냉장고에 10분 정도 넣어둔다. 그동안 철판에 유산지를 깐다.	8	냉장고에서 반죽을 꺼내 큰 덩어리로 만든다. 반죽을 조금씩 떼어내 재빨리 모양을 만든 다음 울퉁불퉁한 면이 위로 오게 유산지에 놓는다. 반죽이 질면 숟가락으로 떠놓는다.

9

구워지면서 쿠키가 옆으로 퍼지므로 일정한 간격을
두고 띄어서 반죽을 놓는다. 오븐에 넣어서 14분 이상
굽지 않으며, 식힘망에 유산지째 올려서 쿠키를 식힌다.
완전히 식으면 납작한 스패츌러를 이용해 쿠키를
떼어낸다.

유산지 제거 & 두툼한 쿠키
◆

쿠키를 꺼내자마자 유산지에서 억지로 떼어내려고 하지 말고
적어도 15분은 기다린다. 초코칩 쿠키는 식어도 촉촉하다.
사진 속 쿠키보다 두툼한 쿠키를 원하면 녹인 버터를
설탕과 섞기 전에 완전히 식혀서 사용한다.

홈메이드 오레오

Homemade Oreo _ 20개 기준 • 준비 25분 • 휴지 1시간 30분+15분+30분 • 베이킹 12분×2

재료 준비
박력분 140g / 소금 2g
코코아파우더 15g / 백설탕 75g
슈거파우더 30g / 다크 초콜릿 30g
실온 에 둔 버터 110g
실온에 둔 달걀노른자 1개 / 바닐라 엑스트랙트 6g

가나슈
화이트 초콜릿 115g
크렘 프레시 35㎖

밑준비
볼에 밀가루, 소금, 체에 친 코코아파우더를 넣어 섞는다. 다른 볼에는 설탕과 슈거파우더를 섞는다. 다크 초콜릿은 아주 약한 불에 녹인다.

1 큰 볼에 실온에서 부드러워진 버터를 넣어 핸드믹서로 푼다. 설탕과 슈거파우더 섞은 것을 넣고 버터가 너무 뻑뻑하지 않고 부드러울 때까지 1분 정도 휘핑한다.	**2** 스패츌러로 볼 옆면에 붙은 반죽을 가운데로 긁어모은다. 달걀노른자, 바닐라 엑스트랙트, 녹인 초콜릿을 넣고 핸드믹서로 모두 잘 섞는다.
3 볼 옆면에 붙은 반죽을 다시 한 번 긁어모으고 밀가루, 소금, 코코아파우더 섞은 것을 넣는다.	**4** 반죽이 될 때까지 핸드믹서를 약하게 돌린다.

5 6
7 8

5	깨끗한 작업대에 완성된 반죽을 올려놓고 15cm 길이의 원기둥 모양을 만든다.	**6**	반죽을 작업대에 굴려 표면을 매끄럽게 하고 원기둥 모양을 만든다.
7	반죽을 랩으로 싸서 냉장고에 최소 1시간 30분 이상 넣어두고 휴지시킨다. 오븐을 160℃로 예열하고, 철판 2개에 유산지를 깐다.	**8**	냉장고에서 반죽을 꺼내 도마에 놓고 칼로 반죽의 끝을 잘라낸 다음 두께 3mm로 얇게 자른다.

9 유산지를 깐 철판 2개에 자른 반죽을 나누어 놓고
두 번에 걸쳐 각각 12분씩 굽는다.

굽기

◆

반죽은 먼저 20개만 잘라서 굽는다. 이것이 구워지는 동안
나머지 반죽을 자른다.

반죽 자르기

◆

작업하는 공간이 따뜻하면 반죽을 반만 자르고 나머지 반은 다시
냉장고에 넣어둔다. 또, 자르면서 반죽이 한쪽으로 눌리지 않도록
반죽을 계속 돌려가며 자르는 것이 좋다.
랩으로 싼 반죽은 3일 정도 냉장보관할 수 있다.

10　11
12　13

10	가나슈를 만들기 위해 화이트 초콜릿을 중탕으로 녹이거나 약한 불에 녹인다.	**11**	녹인 초콜릿에 크렘 프레시를 넣고 섞어서 실온에 15분 정도 두어 식힌다.
12	쿠키의 반을 거꾸로 뒤집어놓고, 숟가락으로 가나슈를 떠서 가운데에 얹는다.	**13**	나머지 쿠키들로 덮고 가나슈가 옆면으로 조금 보일 정도로 살짝 누른다.

만들어진 쿠키는 밀폐용기에 담아 가나슈가 쿠키에
단단히 붙을 수 있게 냉장고에 최소 30분 이상
넣어둔다. 이 쿠키는 며칠 동안 냉장보관할 수 있다.

14

초콜릿 & 크림

◆

화이트 초콜릿 대신 다크 초콜릿을, 그리고 크렘 프레시 대신
생크림을 사용해도 좋다. 이때는 초콜릿을 넣기 전에 먼저
생크림을 살짝 끓이고, 불을 끈 다음 초콜릿을 넣어 잘 섞는다.
초콜릿이 녹으면 실온에서 식힌다.

스콘

Scone _ 10개 기준 • 준비 20분 • 베이킹 14분

재료 준비
박력분 280g+덧가루 적당량
베이킹파우더 12g
소금 1꼬집(조금 수북하게)
차가운 버터 60g

다진 건포도 50g
달걀 1개
백설탕 40g
생크림 160㎖+반죽에 바를 생크림 조금

밑준비
오븐을 220℃로 예열한다. 철판에 유산지를 깐다. 볼에 덧가루로 쓸 밀가루를 조금 담아놓고, 반죽에 바를 크림도 따로 조금 준비한다.

1 큰 볼에 밀가루, 베이킹파우더, 소금을 넣고 섞는다. 버터를 깍둑썰기하여 넣고 손바닥으로 밀가루와 함께 비벼 덩어리지도록 섞는다.	**2** 다진 건포도를 넣고 섞은 다음, 가운데를 움푹하게 파놓는다.
3 다른 볼에 달걀과 설탕을 넣고 가벼운 크림 상태가 될 때까지 섞는다. 크림을 넣고 다시 섞는다.	**4** 밀가루와 건포도 등을 섞어 움푹하게 파놓은 곳에 달걀과 설탕, 크림 섞은 것을 붓고 스패츌러로 반죽이 될 때까지 섞는다. ➤

<table>
<tr><td>

5

작업대에 밀가루를 조금 뿌리고 반죽을 올려 재빨리
평평하고 매끄럽게 만든다. 위에 밀가루를 뿌리고
밀대로 밀어 골고루 약 3~4㎝ 두께가 되게 만든다.
지름 5㎝의 둥근 커터로 반죽을 찍어내는데,
커터로 반죽을 찍을 때마다 밀가루를 묻혀가며
최대한 많은 양의 스콘을 찍어낸다.

</td><td>

커 터 사 용

◆

커터로 찍은 스콘 반죽을 떼어낼 때 반죽을 밀어서 빼지 않는다.
커터를 유산지에 살짝 내려쳐서 반죽이 틀에서 저절로 빠지게
한다.

</td></tr>
</table>

6

스콘 윗면에 크림을 바르고 오븐에 넣어 14분 정도 굽는다. 다 구워지면 바로 꺼내서 식힘망에 올려 식힌다.

딸기버터잼

◆

스콘 20개에 알맞은 양으로 실온에 두어 부드러워진 버터 100g, 딸기잼 70g을 준비한다. 버터가 연한 크림색이 될 때까지 저은 다음, 잼을 넣고 잘 섞는다. 이때 너무 많이 섞지 않는데, 잼이 조금씩 보이는 정도가 가장 적당하다. 스콘과 잘 어울리므로 함께 곁들여 내면 좋다.

피칸 비스킷

Pecan Biscuit _ 10개 기준 • 준비 20분 • 베이킹 20분

재료 준비
다진 피칸 50g
박력분 120g
소금 2g
실온에 둔 버터 100g

백설탕 20g
바닐라 엑스트랙트 2g
장식용 슈거파우더 적당량

밑준비
오븐을 170℃로 예열한다. 철판에 유산지를 깐다. 밀가루, 소금, 피칸을 섞는다.

1	부드러운 버터와 설탕을 섞어 크림화하고 바닐라 엑스트랙트를 넣는다.	**2**	밀가루, 소금, 피칸 섞은 것을 넣고 반죽이 매끄럽게 될 때까지 스패츌러로 섞는다.
3	반죽을 10등분해서 탁구공 크기의 공모양으로 빚는다.	**4**	유산지를 깐 철판에 공모양의 반죽을 올리고 오븐에서 20분 정도 굽는다. 철판 위에서 그대로 식히고, 먹기 직전에 슈거파우더를 뿌린다.

사블레 브르통

Sable Breton _ 20개 기준 • 준비 30분 • 휴지 30분 • 베이킹 14분

재료 준비
가염 버터(최고 품질) 90g
황설탕 90g
실온에 둔 달걀노른자 1개
박력분 125g

밑준비
푸드프로세서에 설탕을 넣고 2~3분 갈아서 곱
게 만든다.

1	볼에 버터를 넣고 나무주걱을 이용해서 크림화한다.	**2**	황설탕을 넣고 핸드믹서를 처음에는 저속으로 약하게 돌려서 천천히 섞다가 점점 세게 돌린다.
3	부드러운 크림처럼 될 때까지 계속 섞는다. 단, 버터가 따뜻해질 수 있으니 너무 오래 섞지는 않는다.	**4**	달걀노른자를 넣고 거품기로 달걀이 반죽에 섞일 정도로만 섞는다.

5	밀가루를 넣고 다시 거품기로 반죽이 뭉쳐질 정도로 섞는다.	**6**	반죽이 매끄럽게 될 때까지 손으로 재빨리 반죽한다.	**7**	반죽을 덩어리로 뭉쳐서 살짝 눌러 납작하게 만든 다음, 랩으로 잘 싸서 냉장고에 30분 넣어둔다. 오븐을 180℃로 예열한다.
8	작업대에 밀가루를 조금 뿌리고, 반죽을 올려서 밀대로 5mm 두께가 되도록 민다.	**9**	지름 5cm 크기의 원형 주름 커터로 반죽을 찍어낸다.	**10**	유산지를 깐 철판에 커터로 찍어낸 반죽을 놓고 180℃로 예열한 오븐에서 14분 굽는다.

11

비스킷은 살짝 구운 색이 나는 정도로 굽는 것이
적당하다. 다 구워지면 오븐에서 꺼내 철판째 식힘망에
올려서 식힌다.

보 관 방 법

◆

틴(tin, 보통 쿠키 깡통상자를 말함)에 담아서 실온에 보관한다.
완전히 밀폐가 되는 용기는 수분이 날아가지 못하고 남아서
좋지 않다. 보관 기간은 실내 습도에 따라 달라진다.

블루베리 팬케이크

Blueberry Pancake _ 16장 기준 • 준비 15분 • 베이킹 5분

재료 준비
버터 60g
실온에 둔 우유 460㎖
레몬즙 10g
실온에 둔 달걀 1개

박력분 280g
베이킹파우더 12g / 베이킹소다 4g
백설탕 25g / 소금 4g
냉동 블루베리 130g
메이플 시럽 적당량

밑준비
팬케이크를 구울 팬에 버터를 녹인 다음, 다른
그릇에 따라놨다가 반죽을 만들 때 넣는다.

1 우유와 레몬즙을 섞는다.	**2** 달걀을 넣고 섞는다.	**3** 녹인 버터를 넣고 다시 저어 섞는다.
4 큰 볼에 밀가루, 베이킹파우더, 베이킹소다, 설탕, 소금을 함께 체에 쳐서 담고 가운데를 오목하게 파놓는다.	**5** 오목하게 파놓은 가루재료의 가운데에 3의 액체 재료 섞은 것을 붓고 거품기로 저어 섞는다.	**6** 덩어리가 없이 고운 반죽이 되면 젓는 것을 바로 멈춘다. 너무 많이 저으면 팬케이크가 퍽퍽해진다. ➤

7	팬을 중간 불에 올리고 팬이 달궈지면 반죽을 한 국자씩 떠놓는다. 반죽이 퍼지면서 서로 붙지 않도록 사이를 띄운다.	**8**	냉동실에서 블루베리를 꺼내 팬케이크에 골고루 뿌린다.
9	표면에 공기구멍이 생기고, 바닥에 연한 갈색이 나게 굽는다(최대 2분).	**10**	팬케이크를 뒤집어서 마찬가지로 바닥이 갈색이 나게 굽는다.

11   팬에서 꺼내 100℃의 오븐에 넣어 따뜻하게 유지한다.
나머지 반죽도 같은 방법으로 굽는다.

먹 는 방 법

◆

팬케이크를 그릇에 켜켜이 쌓고 메이플 시럽을 뿌린다.

굽 기

◆

들러붙지 않는 팬을 여러 개 한꺼번에 가열하여 팬케이크를
동시에 굽는 것이 가장 이상적이다. 팬 하나로만 구울 경우에는
녹인 버터를 준비해놓고, 팬케이크를 새로 구울 때마다
키친타월에 녹인 버터를 묻혀 팬에 고루 바른다.

프렌치 토스트

French Toast _ 6인분 기준 • 준비 15분 • 베이킹 5분

재료 준비

자르지 않은 부드러운 빵 500g	바닐라 엑스트랙트 몇 방울	메이플 시럽 적당량
달걀 2개	버터 45g	슈거파우더(기호에 따라)
우유 350㎖	바나나 2개	
백설탕 40g	딸기 적당량	

1 준비한 빵을 두툼하게 잘라 작업대 위에 늘어놓고 표면이 조금 마르게 둔다.	**2** 빵이 들어갈 크기의 낮고 큰 볼에 달걀을 넣고 우유와 설탕, 바닐라 엑스트랙트를 넣는다.	**3** 거품기로 잘 풀어서 섞는다.
4 두툼하게 자른 빵을 잘 풀어둔 달걀물에 10~15초 정도 담근다.	**5** 볼에 나무주걱 등을 걸쳐놓고 달걀물에 담근 빵을 올려 여분의 달걀물이 빠지게 한다.	**6** 다른 볼에 달걀물을 묻힌 빵들을 가지런히 세워둔다. ➤

7
중간 불~센 불에 프라이팬을 올리고 버터를 한 조각 넣는다. 버터가 녹으면서 색이 변하면 팬에 들어가는 만큼 빵을 올린다. 밑면에 구운 갈색이 날 때까지 2~3분 정도 굽는다.

8
뒤집어서 같은 방법으로 1~2분 정도 더 굽는다.

굽기

◆

여러 개의 팬에 여러 개를 동시에 굽는 것이 이상적이다. 만약 팬을 한 개만 사용할 경우에는 매번 15g의 버터를 다시 넣고 굽는다.

접시에 구운 프렌치 토스트를 담고 얇게 썬 바나나와
딸기를 곁들여 메이플 시럽과 함께 낸다.
시럽과 함께 먹는 대신 프렌치 토스트 위에

9

슈거파우더를 뿌려 먹기도 한다.

밑준비

◆

몇 시간 전에 베이킹 과정의 일부를 미리 준비해둘 수도 있다.
일단 빵에 묻힐 달걀물의 재료들을 잘 섞은 다음 랩을 씌워
냉장고에 넣어둔다.

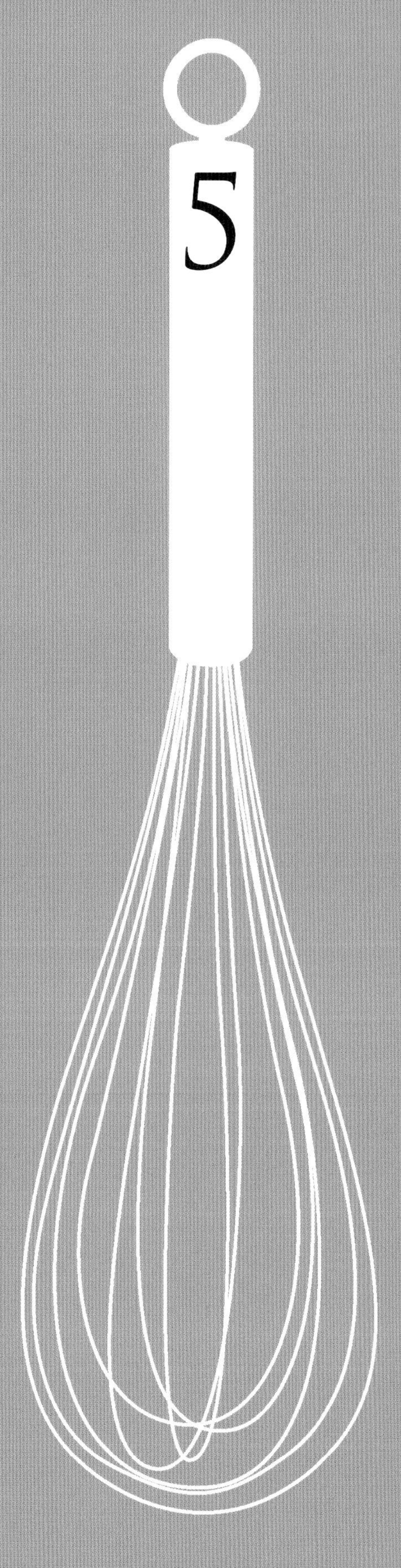
5

5

TARTE

타르트

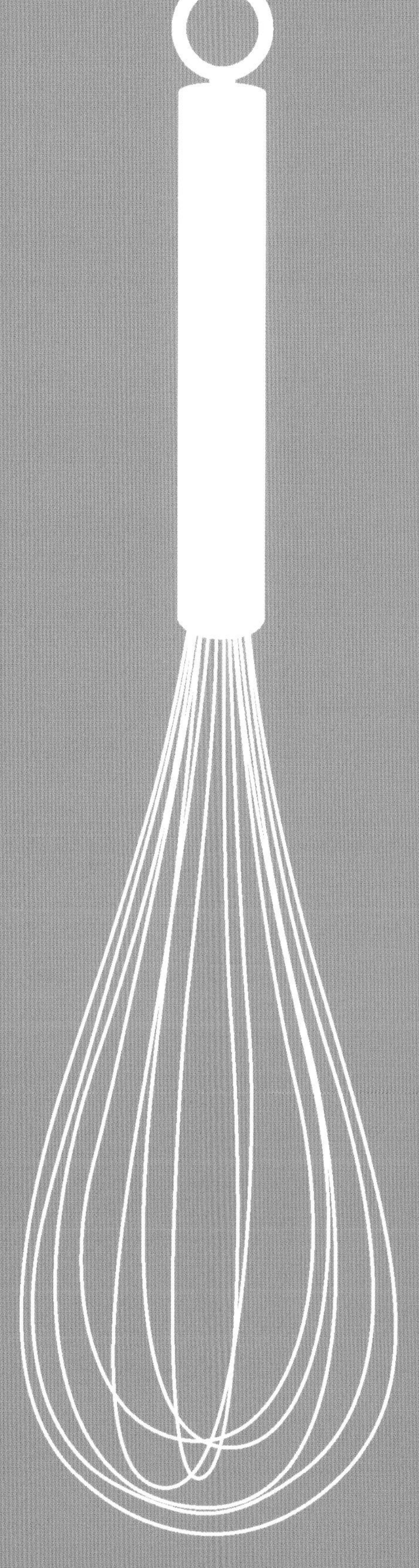

스위트 쇼트크러스트 페이스트리
Sweet Shortcrust Pastry _ 400g 기준 • 준비 15분 • 휴지 30분

재료 준비
박력분 200g+덧가루 적당량
버터 100g
물 20㎖
백설탕 20g

소금 2g
달걀 1개

밑준비
작업대에 반죽할 밀가루를 놓고 그 위에 깍둑썰
기한 버터를 뿌린다.

1 2
3 4

1 손으로 버터를 으깨 밀가루와 섞는데, 손바닥으로 살살 비비면서 버터가 작은 덩어리가 될 때까지 잘 섞는다.	**2** 반죽 한가운데를 파서 물, 설탕, 소금, 달걀을 넣고 손끝을 이용해 설탕과 소금을 녹인다. 가루 재료들과 액체 재료들을 가운데로 잘 모아가며 반죽하는데, 반죽이 상당히 질다.
3 흩어진 작은 덩어리와 양손에 묻은 반죽까지 모두 모아 반죽을 한 덩어리로 만드는데, 반죽을 너무 치대면 안 된다. 3~4㎝ 두께의 납작한 덩어리로 만들어 랩으로 싼다.	**4** 반죽을 밀대로 밀기 전 냉장고에 최소 30분 이상 넣어둔다(늘어진 반죽을 빨리 다시 굳히는 시간).

타르트 타탱

Tarte Tatin _ 6~8인분 기준 • 준비 25분 • 베이킹 1시간 20분

재료 준비
스위트 쇼트크러스트 페이스트리 200g
(레시피 66)
백설탕 200g
물 65㎖

가염 버터 60g
새콤한 풋사과 1kg

밑준비
오븐 망을 중간 단에 넣고 오븐을 220℃로 예열
한다.

1	팬에 물과 설탕을 넣고 중간 불에서 거품기로 저어가며 설탕을 녹인다(레시피 09).	2	부글부글 끓기 시작하면 바로 젓는 것을 멈추고 연한 갈색이 돌 때까지 그대로 둔다.
3	연한 갈색이 돌면 불을 끄고 잘게 자른 버터를 넣어서 버터가 녹을 때까지 거품기로 저어 섞는다.	4	설탕과 버터를 녹여 만든 캐러멜을 지름 24㎝의 케이크 틀에 붓는다.

5 6
7 8

5	사과는 껍질을 깎아 4등분으로 자른 다음, 가운데 씨 부분을 도려내고 위아래 남은 껍질도 잘라낸다.	6	사과를 둥근 부분이 위를 향하게 4의 케이크 틀에 꽉 채워 넣는다. 가운데도 남은 조각들로 빈틈없이 채워 넣는다.
7	오븐에 넣어 1시간 정도 굽는다. 굽는 시간이 15분 정도 남았을 때 냉장고에서 페이스트리를 꺼낸다.	8	페이스트리를 밀대로 밀어 지름 24㎝의 원을 만든다. 오븐에서 구운 사과를 꺼내 위에 페이스트리를 덮고, 다시 오븐에 넣어 15~20분 더 굽는다.

9 오븐에서 타르트를 꺼내 바로 담아낼 그릇에 옮겨 담고, 먹기 전에 조금 식힌다.

곁들임
◆

따뜻한 타르트에 샹티이 크림(레시피 01)이나 크렘 프레시를 곁들여 낸다.

캐 러 멜 결 정
◆

캐러멜에 버터를 넣으면 과정 4의 사진처럼 결정이 생길 수 있으나 오븐에 넣으면 다시 녹는다. 결정이 생기지 않게 하려면 설탕을 물에 녹일 때 레몬즙 1작은술을 넣는다.

커스터드 타르트

Custard Tarte _ 8인분 기준 • 준비 25분 • 베이킹 50분

재료 준비
틀에 바를 버터와 밀가루 조금씩
스위트 쇼트크러스트 페이스트리 300g
(레시피 66)
반죽에 바를 달걀 1개

커스터드
우유 1ℓ / 백설탕 220g
달걀 2개+달걀노른자 1개
옥수수 전분 120g
바닐라 엑스트랙트 8g / 소금 2g

밑준비
오븐을 200℃로 예열한다. 사각 오븐 용기에 버터를 고루 바르고 밀가루를 넣어 고루 묻힌 다음 작업대에 살짝 내려쳤다가 뒤집어서 남은 밀가루를 털어낸다.

1	페이스트리를 약 3㎜ 두께로 밀어서 준비한 사각 용기 안에 넣는다. 모서리 부분은 조금 겹친다.	2	구워지면서 오그라드는 것을 막기 위해 반죽의 가장자리를 꼬집어 올려가며 테두리를 만든다. 밀대로 용기 윗면을 밀어서 바깥으로 삐져 나온 반죽을 떼어내 정리한다.
3	포크로 반죽 바닥에 군데군데 구멍을 내고, 유산지에 버터를 조금 발라서 반죽 위에 얹는다. 10분 정도 베이크 블라인드(용어 정리 참조)를 한 다음 유산지를 치운다.	4	구운 페이스트리에 브러시로 달걀물을 바르고, 달걀물이 마르도록 오븐에 넣어 3~4분 굽는다. 페이스트리를 꺼내고 오븐 온도를 220℃로 올린다.

5	팬에 우유를 750㎖만 붓고 설탕을 넣어 저어가며 끓인다. 그동안 볼에 달걀과 노른자를 넣어 푼다.	**6**	다른 볼에 남은 우유와 옥수수 전분을 넣어 재빨리 저어 섞는다. 풀어둔 달걀, 바닐라 엑스트랙트, 소금도 넣어 섞는다.
7	6의 반죽을 고운체에 내려 달걀덩어리를 걸러낸다. 그렇지 않으면 구우면서 덩어리가 생길 수 있다.	**8**	5의 우유가 끓으면 불을 끈다. 이것을 천천히 달걀반죽에 부으면서 거품기로 잘 풀어 섞어주면 되직한 커스터드 크림이 완성된다.

9 커스터드 크림을 구운 페이스트리에 채워 넣고 다시
오븐에서 35분 정도 더 굽는다.
타르트를 꺼내 식힘망에서 식힌다.
식으면 랩으로 싸서 냉장보관하다가 완전히 차가워지면
담아낸다.

재 료 사 용

◆

시간이 없으면 커스터드를 페이스트리 베이스 없이 만들어도
된다. 또, 바닐라 엑스트랙트 대신 바닐라 설탕을 사용할 수도
있는데, 이때는 설탕 양을 15g 줄인다.

레몬 머랭 파이

Lemon Meringue Pie _ 8인분 기준 • 준비 30분 • 베이킹 25분 • 휴지 15분

재료 준비

스위트 쇼트크러스트 페이스트리 400g

(레시피 66)

페이스트리 크림 350g(레시피 02)

바닐라빈 ½개

레몬 껍질 간 것+레몬즙 레몬 ½개 분량

달걀흰자 2개

백설탕 125g

물 24㎖

슈거파우더 10g

밑준비

28㎝(8in) 타르트 틀에 버터를 고루 발라서 냉장고에 넣어둔다.

1	페이스트리 반죽을 준비한 파이 틀보다 크게 밀대로 밀고 포크로 군데군데 구멍을 낸다.
2	반죽을 조심스럽게 들어서 구멍을 낸 면이 바닥으로 가게 파이 틀 위에 뒤집어 놓는다.
3	밀대로 파이 틀 위를 밀어서 틀 바깥으로 나온 반죽을 정리한 다음, 냉장고에 넣어 15분 정도 휴지시킨다. 오븐을 170℃로 예열한다.
4	휴지시킨 반죽을 꺼내 유산지를 깔고 누름돌을 올려 20분 정도 굽는다. 누름돌을 꺼내고 10분 정도 더 구워서 식힌다. 누름돌 대신 콩이나 팥을 사용해도 된다. ➤

레시피 02를 참고하여 페이스트리 크림을 만든다.
이때 우유에 바닐라빈을 길이로 갈라서 씨를 긁어 넣고
껍질까지 넣어 끓인다.

5

마지막에 레몬즙과 레몬 껍질 간 것을 넣고, 크림 표면에
랩을 밀착시켜 씌우고 식힌다.

6

7

8

| 6 | 볼에 달걀흰자를 넣고 거품이 단단해질 때까지 휘핑하는데, 중간에 설탕을 1작은술 가득 떠서 넣는다. |

| 7 | 팬에 물과 나머지 설탕을 모두 넣고 끓인다. |

| 8 | 볼 단계(ball stage, 용어 정리 참조)가 되도록 설탕물을 3분 정도 끓인다. 휘핑한 달걀흰자의 볼 가장자리에 뜨거운 설탕 시럽을 흘려 넣고, 식히기 위해 핸드믹서를 저속으로 약하게 5분 정도 더 돌려서 휘핑한다. |

9
10

가벼운 질감의 필링을 만들기 위해 달걀 흰자로 만든 머랭 ⅓을 덜어서 페이스트리 크림에 넣고 섞는다. 그릴을 예열한다.

9

4에서 구워 식혀놓은 페이스트리에 페이스트리 크림을 채워 넣고, 그 위에 남은 머랭을 덮은 다음 표면에 울퉁불퉁하게 모양을 만든다.

10

11 머랭 위에 슈거파우더를 뿌리고 타르트를 뜨거운 그릴에 넣어서 머랭이 살짝 구운 색이 나게 둔다(최대 2분).

울퉁불퉁한 모양

◈

머랭 표면을 울퉁불퉁하게 만들려면, 작은 스푼의 뒷면으로 표면을 톡톡 친다.

키위 마스카르포네 타틀렛

Kiwi Mascarpone Tartlet _ 6개 기준 • 준비 30분

재료 준비

타르트 베이스	마스카르포네 필링	키위 4개
플레인 비스킷 100g	마스카르포네 170g	
버터 60g	슈거파우더 35g	
백설탕 30g	바닐라 설탕 4g	

※ 타틀렛 : 미니 타르트

1

푸드프로세서에 플레인 비스킷을 넣어 30초~1분 정도
간다.

비스킷 가루

◈

비스킷에 큰 덩어리가 남아 있으면 손으로 마저 부순다.
푸드프로세서 대신 비스킷을 깨끗한 티 타월에 싸서 밀대로 밀어
부수는 방법도 있다.

2 3
4 5

2 팬에 버터를 녹인 다음 볼에 설탕과 부숴놓은 비스킷을 섞고 녹인 버터를 넣는다.	**3** 포크를 이용해 설탕과 비스킷 가루, 버터 등을 고루 섞어 젖은 모래알처럼 되도록 섞는다.
4 3을 미니 타르트 틀 6개에 나누어 담고, 숟가락 뒷면으로 눌러서 표면을 고르게 만든 다음 납작한 물체로 누른다. 숟가락 뒷면을 이용해서 바닥과 옆 부분도 잘 마무리한다.	**5** 타르트 틀을 냉장고에 넣어두면 버터가 고체화되어 타르트 베이스가 단단해진다. 기다리는 동안 포크로 마스카르포네, 슈거파우더, 바닐라 설탕을 골고루 잘 섞는다.

6	타르트 베이스에 마스카르포네 필링을 채워 넣는다. 키위는 껍질을 벗기고 약 8㎜ 두께로 잘라 크림 위에 보기 좋게 적당히 겹쳐서 올린다. 먹기 전까지 랩으로 싸서 냉장고에 넣어둔다.	**냉장 시간** ◈ 완성된 타르트를 냉장고에 2시간 이상 넣어두면 타르트 베이스가 눅눅해질 수 있으므로 주의한다.

딸기 타틀렛

Strawberry Tartlet _ 6개 기준 • 준비 30분 • 베이킹 10분 • 휴지 10분

재료 준비
스위트 쇼트크러스트 페이스트리 200g
(레시피 66)

아몬드 크림 150g(레시피 04)
작은 딸기 600g

밑준비
오븐을 220℃로 예열한다.

1	미니 타르트 틀 6개에 버터를 바른다.	**2**	페이스트리 반죽을 얇게 민다.
3	지름 약 10㎝의 타르트 틀보다 큰 커터로 페이스트리 반죽을 6개 찍어낸다.	**4**	타르트 틀에 커터로 찍어낸 반죽을 올려서 냉장고에 10분 정도 넣어둔다.

5 6
7 8

5	냉장고에서 반죽을 꺼내 아몬드 크림을 채우고 숟가락 뒷면을 이용해서 고루 편다. 오븐에 넣고 10분 정도 굽는다.	6	기다리는 동안 딸기를 씻어서 키친타월로 물기를 닦고 꼭지를 딴다.
7	오븐에서 타틀렛을 꺼내 식힘망에 올려 식힌다.	8	타틀렛이 완전히 식으면 위에 딸기를 올려 예쁘게 장식한다.

장식용 딸기

◆

딸기로 타틀렛을 장식할 때 비슷한 크기의 딸기로 골라서
사용한다. 또, 딸기가 너무 크면 먹을 때 디저트 포크로
자르기 곤란할 수 있으므로 주의한다.

장미 장식

◆

딸기를 얇게 썰어서 장미처럼 살짝 겹치게 장식해도 좋다.
이 경우에는 딸기를 조금만 준비해도 된다.

계량 · 케이크를 만들 때는 재료를 정확히 계량하기 위해 전자저울이 필수이다. 그러나 대부분의 전자저울은 액체(㎖)를 측정하지는 못한다. 따라서 1ℓ(1,000㎖)=1㎏(1,000g), 15㎖=15g이라고 알아두면 유용하다. 그러나 모든 액체가 이렇게 동량으로 변환될 수 없음을 주의해야 한다. 특히, 기름은 물보다 가볍고 우유는 조금 더 무겁다. 그러나 오차가 매우 작아서 1g=1㎖로 적용해도 무리가 없다. 대부분의 레시피에서 액체 재료는 가루 재료보다 결과물의 질에 그다지 영향을 끼치지 않는다.

균일하다 · 반죽의 질감이 균일하다는 표현이지만, 그렇다고 매끄럽다는 의미는 아니다. 거칠어도 되는데, 다만 균일하게 거칠어야 한다. 부드러운 질감의 반죽이 필요할 때는 레시피에 따로 밝혀둔다.

달걀 · 베이킹에서 많이 사용하는 중요한 재료이다. 반만 필요한 경우 달걀 1개를 둘로 나누어서 사용해야 하므로 난처할 수 있는데, 달걀을 풀어서 반만 넣으면 쉽다. 정확하게 하려면 전자저울에 무게를 다는 것이 좋다. 큰 달걀의 반은 무게로 30g이다.

일반적인 생각과 달리, 다른 재료와 섞어야 할 때는 달걀흰자의 거품을 너무 단단하게 내지 않는 것이 좋다. 거품이 단단한 머랭은 덩어리가 생겨서 섞기 어려울 수 있으며, 너무 많이 저어서 오버 휘핑이 되면 머랭 거품이 주저앉아버릴 수도 있다. 좋은 방법은, 특히 초콜릿 무스를 만들 경우 흰자는 약간 탄력 있으면서 단단하지는 않을 정도로 휘핑하는 것이다. 그런 다음 스패츌러로 부드럽게 섞어야 달걀흰자가 완전히 반죽에 녹아들고, 혹시 덩어리가 있더라도 풀 수 있다.

덧가루 · 페이스트리 반죽을 밀 때 반죽이 작업대에 들러붙는 것을 막기 위해 밀가루를 뿌리는데, 이것을 덧가루라 한다. 이때 덧가루가 원래의 반죽에 너무 많이 섞여 들어가지 않도록 주의한다. 그러기 위해서는 밀가루를 손끝으로 조금씩 집어서 작업대 위에 얇게 여러 번 뿌린다.

랩 • 케이크 베이킹에서 전자저울이나 스패츌러와 함께 필수라고 할 수 있다. 랩은 그릇과 공기 사이에 차단막을 만들어 산화와 산화로 생기는 결과(미생물 오염, 색 변화, 크러스트나 표면이 마르는 것 등)로부터 요리를 보호한다. 일부 전문가들은 자신의 요리에 '접착법'을 사용하기도 한다. 이것은 랩을 음식 표면에 밀착시키는 방법으로, 이 책에서 페이스트리 크림(레시피 02)을 만들 때도 사용된다. 페이스트리 크림은 요리의 마지막 단계에서 표면에 막이 생기는 경우가 있어 이 방법을 권하나, 대개는 볼 위에 랩을 씌우는 것만으로 충분하다.

밀가루 • 일반적으로 단백질 함량에 따라 강력분, 중력분, 박력분 등으로 나눈다. 베이킹에서 각각 쓰임이 다른데, 먼저 '강력분'은 단백질 함량이 11~13%이며, 반죽했을 때 끈기가 강해 대개 빵을 만드는 제빵용으로 많이 사용하고, 얇고 균일하게 뿌리기 쉬워 덧가루로도 많이 사용한다. '중력분'은 단백질 함량이 9~10%이고, 강력분과 박력분의 중간 성질로 '다목적 밀가루'라고도 하며, 베이킹보다는 주로 면 종류에 많이 사용한다. 마지막으로 '박력분'은 단백질 함량이 7~8% 이하로 탄성이 가장 약해서 스펀지 케이크나 진저 브레드 같은 케이크나 과자류에 많이 사용하는데, 이런 타입의 케이크는 속은 부드럽고 겉은 바삭한 것이 특징이다. 각 밀가루의 특징을 잘 알아서 자신이 좋아하는 맛을 찾아내는 것도 베이킹의 즐거움 중 하나로, 베이킹이 익숙해지면 서로 다른 종류의 밀가루를 배합하여 자신이 가장 좋아하는 식감의 나만의 레시피를 찾아낼 수도 있다. 베이킹파우더나 베이킹 소다를 사용할 때는 밀가루와 섞어 함께 체에 쳐서 사용한다.

밀기 • 덧가루를 뿌린 작업대에 반죽을 놓고 밀대로 레시피의 사이즈와 두께로 미는 것을 말한다. 반죽을 일정하게 밀려면 밀대로 한 번 민 다음 밀대를 들어서 돌아가며 밀어야 쉽다. 반죽이 작업대에 들러붙지 않도록 미리 덧가루를 가볍게 뿌린다('밀가루' 참조). 또 반죽을 일정한 간격으로 한 번씩 뒤집고, 반죽 가장자리를 손으로 골고루 펴거나 원하는 모양으로 만져도 된다. 반죽을 두 조각으로 나누고 접을 수 있을 정도로 얇게 사각으로 밀어서 접은 다음, 접힌 부분의 가장자리를 칼로 잘라낸다. 동그란 반죽을 틀에 맞게 넣으려면 반죽을 틀 모양에 맞춰 양쪽을 접어서 틀 가운데에 놓고, 다시 펼치면서 틀에 맞추어 반죽의 귀퉁이와 옆면을 잘 누른다.

반죽 • 대부분의 베이킹 레시피는 다음의 기본 방식을 따른다. 볼 하나에 가루 재료들을 모두 넣어서 섞고, 또 다른 볼에 액체 재료들을 섞은 다음 두 개를 합친다. 이때 재료들이 정확히 계량이 되어 있고 밀가루를 체에 친 상태라면 가루 재료들을 섞는 것은 별로 문제가 되지 않는다. 심지어 가루 재료들을 미리 섞어서 비닐봉투나 밀폐용기에 하루 이틀 정도 넣어두어도 된다. 그러나 액체 재료를 섞는 경우, 예를 들어 버터를 녹인 것이 여전히 뜨거운 상태인데 달걀이나 우유 등은 냉장고에서 금방 꺼내서 재료들의 온도가 서로 다를 수 있으므로 세심한 주의를 기울인다. 그렇지 않으면 한 재료의 온도가 다른 재료에 영향을 주어(녹인 버터를 차가운 우유에 부으면 굳을 수 있다) 좋은 반죽을 만들 수 없다. 따라서 모든 액체 재료를 섞기 전에 각각의 온도를 동일하게 만드는 것이 무엇보다 중요하다.

  * 계란을 따뜻하게 하려면 뜨거운 물이 담긴 볼에 1~2분 담가둔다.
  * 우유를 데우려면 팬에 부어서 약한 불에 올린다.
  * 녹인 버터를 식히려면 차가운 볼에 붓는다.

가루 재료와 액체 재료를 섞는 것도 또 하나의 섬세한 작업이다. 이때부터 베이킹파우더가 활성화되는데, 부풀어 오르는 시간이 그다지 길지 않으므로 오븐을 미리 예열해놓고, 가루와 액체 재료가 섞이면 늦지 않게 오븐에 넣는다.

밀가루가 액체와 만나거나 도구를 이용해 섞었을 때 빵 도우나 반죽의 구조 형성에 필수인 글루텐 조직이 만들어진다. 그러나 글루텐 조직이 너무 많이 만들어지면 케이크가 딱딱해질 수 있다. 그래서 가끔 액체와 가루 재료를 섞을 때 핸드믹서를 사용하지 말라는 경우도 있다. 이 경우 핸드믹서 대신 스패츌러로 최대한 조금씩 조심스럽게 섞는다.

베이크 블라인드 BAKE BLIND • 필링을 채우기 전에 먼저 페이스트리 베이스를 부분적으로 또는 완전히 굽는 것. 이렇게 미리 굽는 것은 나중에 페이스트리 베이스에 필링이나 과일을 채웠을 때 필링 때문에 타르트가 눅눅해지는 것을 막기 위해서다.

볼 단계 BALL STAGE · 설탕을 요리할 때 나타나는 여러 단계 중 하나. 백설탕은 열을 받았을 때 수분이 증발하고, 온도가 올라가면서 그 정도에 따라 설탕이 캐러멜로 변한다. 이런 변화의 단계에 여러 단계가 있지만, 이 책에서는 '볼 단계'만 사용한다. 사실 설탕 요리에서는 색깔의 변화로 그 진행 단계를 알 수 있다. 예를 들어 캐러멜은 단계에 따라 색이 더 밝거나 혹은 어둡다. 그에 반해 설탕을 조리하는 초기 단계에는 어떤 색깔도 나타나지 않는다. 그래서 온도를 측정하기 위해 설탕 온도계를 사용하거나, 아니면 숟가락으로 시럽을 떠서 아주 차가운 물에 몇 방울 떨어뜨려 본다. 이때 둥근 볼 같은 모양이 되면 시럽이 이탈리안 머랭이나 버터 크림을 만들 수 있는 적정 온도이다. 이 볼을 손으로 만졌을 때 부드럽게 느껴지면 단단할 때보다 시럽이 덜 뜨거운 것이다. 볼이 단단한 상태가 가장 이상적이지만, 설탕은 한 단계에서 다음 단계로 넘어가는 속도가 매우 빠르므로 일단 볼 모양이 되면 더 두지 말고 바로 사용하는 것이 좋다. 만약 지체되어 다음 단계로 넘어가버리면 작업하기가 매우 어려울 수 있다.

스패츌러 · 고무나 플라스틱, 실리콘 같은 재질로 만든 유연하게 구부러지는 도구. 이것은 전자저울, 랩과 함께 베이킹에서 꼭 필요한 3대 도구로 볼을 깨끗하게 긁어낼 때, 재료를 다른 재료와 섞을 때 유용하다. 베이킹에서는 계량이 정말 중요한데, 스패츌러를 사용하면 볼 옆면에 붙은 것까지 남김없이 긁어주어 보다 정확한 양을 사용할 수 있다. 또한 유연해서 대부분의 재료를 섬세하게 고루 섞어주며, 특히 머랭('달걀' 참조)이나 밀가루('반죽' 참조)가 포함된 반죽을 섞을 때 꼭 필요하다. 다른 어떤 베이킹 도구도 이 도구를 대신할 수 없다.

응고 · 액체 재료의 특정 성분이 고밀도 질량을 형성하기 위해 결합할 때 발생하는 현상. 베이킹에서는 달걀에 열을 가했을 때 응고가 일어날 수 있으므로 레시피에 달걀이 들어가는 경우 매우 조심해야 한다. 드물긴 하지만 달걀 같은 재료 하나의 응고 때문에 만들어진 결과물, 예를 들어 달걀 커스터드 등이 거칠거나 알갱이가 생기는 등 만족스럽지 못할 수 있다.

전자저울 · 아주 적은 양도 계량할 수 있어서 스패츌러나 랩과 함께 없어서는 안 될 베이킹 도구이다. 소금이나 베이킹파우더가 단 몇 g만 더 들어가도 결과물의 맛이나 질감이 매우 달라질 수 있다('계량' 참조).

중탕 · 요리를 가열 기구로 직접 가열하는 것이 아니라, 간접 가열하여 부드러운 열로 조리하는 방법. 조리용기를 끓는 물을 채운 용기 안에 넣어 중탕한다.

중탕은 또한 요리가 마르는 것을 막아주기도 한다. 뜨거운 오븐 안에서 물이 증발하면서 계속 뜨거운 수증기가 나오기 때문이다. 이때는 베이킹 용기를 중탕 용기에 바로 놓지 않고, 베이킹 용기를 넣을 단의 바로 아랫단에 중탕 용기를 따로 넣어둔다.

중탕 용기로는 얕은 사기그릇이나 철판 등을 사용하며, 오븐을 예열할 때 미리 넣어두어야 한다. 그리고 물을 끓여서 조리할 준비가 되었을 때 중탕 용기에 끓는 물을 붓는다.

중탕은 얼린 과일을 해동할 때도 유용하다. 볼에 과일을 담아 랩을 씌우고, 팬에 물을 부어 끓인다. 물이 끓으면 그 위에 과일이 든 볼을 얹어서 일정 시간 두고(붉은 과일은 약 10분), 중간에 한번 젓는다. 이 방법으로 과일을 해동하면 과일 고유의 색과 과즙이 그대로 유지된다.

샹티이 크림(레시피 14)처럼 재료를 재빨리 식혀야 할 때는 찬물 중탕을 한다. 이것은 내용물이 든 볼을 그보다 조금 더 큰 볼에 얼음과 냉수로 채운 다음 그 안에 넣어 내용물을 식히는 방법이다.

짤주머니 · 씻을 수 있는 원뿔모양의 주머니로, 다양한 모양과 크기의 모양깍지를 끼워서 사용하는 것이 일반적이다. 반죽을 짜서 굽는 빵이나 머랭을 만들 때 유용하며, 슈 안에 필링을 채우거나 케이크를 크림으로 장식할 때도 사용한다. 사용법은 먼저 짤주머니에 모양깍지를 끼운 다음, 크림이 새어 나가지 않도록 깍지 입구를 손가락으로 막고 크림을 채워 넣는다. 오른손잡이라면 짤주머니를 왼손에 잡고 짤주머니의 윗부분을 뒤집듯이 벌린다. 다른 손으로 짤주머니에 크림을 채우고 주머니를 비틀어 조이는데, 깍지가 위를 향하게 잡고 크림이 깍지 밖으로 조금 나올 때까지 비튼다. 짤주머니가 계속 팽팽하게 유지되도록 단단히 비틀어 쥐고 내용물을 짠다.

착색 · 음식이 열에 의해 본래의 색깔에서 다른 색으로 변하는 것. 이 단계는 순식간에 일어나며, 경우에 따라 색이 아주 밝은 갈색에서 아주 어두운 갈색이 될 수도 있다.

체에 치기 · 밀가루를 고운체에 치면 덩어리를 제거할 수 있다. 대부분의 레시피에서 밀가루를 체에 치는 것을 적극 권한다.

캐러멜 · 백설탕이 시럽을 지난 단계. 만들 때 실패하지 않으려면 바닥이 두터운 소스 팬을 이용한다. 캐러멜을 만들려면 팬이 굉장히 높은 온도를 견딜 수 있어야 하는데, 바닥이 두터운 팬은 고온를 견디면서 열이 고루 퍼지게 하기 때문이다. 만드는 방법은 먼저 물을 붓고 설탕을 넣는다. 이때 물의 양이 설탕의 ⅓을 넘지 않게 한다. 예를 들어, 설탕이 75g이면 물을 25㎖ 이상 넣지 않는다. 팬을 중간 불에 올리고, 팬의 옆면에 튀지 않게 거품기로 조심스럽게 저어 설탕을 녹인다. 설탕이 완전히 녹으면 끓인다. 설탕이 덜 녹은 상태에서 끓이면 나중에 덜 녹은 설탕이 녹지 않고 남는다. 설탕이 녹으면 더 이상 젓지 말고 시럽을 그대로 불 위에 둔다. 150℃가 넘으면 시럽이 캐러멜로 변하며 색이 나오기 시작한다. 캐러멜은 불을 꺼도 색이 계속 변하므로 원하는 색이 되기 전에 미리 불을 꺼야 한다. 아니면 냄비를 찬물에 몇 초 정도 담가도 되지만, 이 경우 캐러멜이 식으면서 굳어버려 작업하기가 어려울 수 있으므로 그다지 권하지 않는다.

코팅 · 액체에 열을 가하면 농도가 생겨서 무언가를 담갔다가 건지면 전체를 막처럼 감싸게 되는데, 이렇게 표면에 막을 형성하는 것을 코팅이라고 한다. 예를 들어, 숟가락을 담갔다가 건졌을 때 숟가락 표면이 드러나지 않을 정도로 숟가락 전체가 그 액체로 감싸지는 것이다. 커스터드나 레몬 커드 등을 만들 때는 숟가락을 담갔다가 건져서 손가락으로 뒷면을 그었을 때 선명한 자국이 남으면 적당한 농도라고 본다.

크럼 CRUMB · 손가락 끝으로 작은 버터 조각과 밀가루를 함께 비비는 과정에서 생긴다. 이렇게 비벼주면 밀가루 입자가 하나하나 버터로 코팅되고, 점차 원래보다 옅은 색을 띠는 아주 작은 알갱이가 된다. 버터가 따뜻해지지 않도록 밀가루와 버터를 손끝으로

집어 올리듯이 조물조물하거나 들어서 섞듯이 비벼서 떨어뜨리는데, 이 과정에서 반죽 부스러기들이 떨어지며 공기를 머금어 반죽이 차가워진다. 또한 푸드프로세서를 이용해 크럼을 만드는 방법도 있다. 푸드프로세서에 밀가루와 깍둑썰기한 차가운 버터 조각을 넣고 몇 초 돌린 다음, 소금과 설탕을 푼 달걀물을 넣고 반죽 형태로 섞일 때까지 다시 푸드프로세서를 돌린다. 작업대에 쏟아서 레시피에 따라 작업한다.

크림화 · 베이킹에서 크림화란 버터가 부드러우나 조금 단단한 상태. 이런 질감의 버터는 완전히 녹인 버터와 달리 버터 고유의 형체를 잃지 않으면서 다른 재료와 섞이기 쉽고, 가볍고 폭신폭신한 크림처럼 될 때까지 젓기도 쉽다.
버터를 크림화하는 방법은 2가지인데, 버터를 작은 조각으로 자르면 더 빨리 균일하게 크림화할 밑준비가 된다.

　*방법 1
손으로 눌러서 쉽게 눌러질 때까지 버터를 실온에 둔다. 이 방법은 실내 온도에 따라 20분~몇 시간까지 걸릴 수도 있다.
　*방법 2
자른 버터를 내열용기에 넣고 끓는 물이 담긴 팬 위에 올린다. 몇 초 정도 두었다가 볼을 꺼내서 스패츌러로 크림화가 될 때까지 젓는다. 젓다가 힘들면 뜨거운 물 위에 몇 초 더 올려둔다.

휘핑기 · 충전된 액체 가스를 이용해 휘핑크림을 만드는 알루미늄병. '사이펀'이라고도 한다. 액체의 흐름을 제어하는 펌프를 활성화시키면 액체가 마치 무스처럼 휘핑된 상태로 나온다. 이것을 이용하면 액상 크림에 당분을 첨가하여 바로 샹티이 크림을 만들 수 있다.

쿠키 & 케이크 찾아보기
COOKIE & CAKE INDEX

아래는 레시피 이름과 번호

지은이 • Marianne Magnier-Moreno

법학을 전공하고 저널리즘 석사학위를 취득하였으나, 요리사 자격증을 취득하기 위해 공부하면서 베이킹 세계에 입문하였다.
초보 과정을 마치고 여러 과정을 공부하며 파티세리의 노하우들을 익혀 파리와 뉴욕의 레스토랑에서 일하였다.
지금은 파리에 살며 요리책과 칼럼을 쓰고 있으며, 프랑스 라디오방송국 Europe1의 요리프로그램
〈Droit dans le buffet〉에서 요리 컨설턴트로 일한다.

옮긴이 • 장미성

한국외국어대학교에서 언어학을 전공하고, 웨스트민스터 킹스웨이 컬리지 Hospitality 과정을 수료하였다.
요리학원 라퀴진엔에서 수년간 강의를 하였고, 각종 요리프로그램에서 진행 및 자문을 해오고 있다.
저서로는『런던미각』,『Chocolate love』,『나만의 아지트』,『주부생활 칼럼 장미성의 푸드 다이어리(2009~2011년 연재)』등이 있다.

🇫🇷 정통 프랑스 파티세리 시리즈.1

프랑스 홈메이드 디저트
쿠키 & 케이크

펴낸이 유재영
펴낸곳 그린쿡
지은이 Marianne Magnier-Moreno
사진 Frédéric Lucano
옮긴이 장미성

기획 이화진
편집 김기숙
디자인 전지영 · 정민애

1판 1쇄 2014년 1월 10일
1판 6쇄 2017년 5월 25일
출판등록 1987년 11월 27일 제10-149
주소 04083 서울 마포구 토정로 53 (합정동)
전화 324-6130, 6131
팩스 324-6135

E메일 dhsbook@hanmail.net
홈페이지 www.donghaksa.co.kr
www.green-home.co.kr

ISBN 978-89-7190-437-4 13590

• 잘못된 책은 바꾸어 드립니다.